综放工作面采空区
渗流场域及渗透系数研究

陈善乐　著

北　京

冶 金 工 业 出 版 社

2020

内 容 简 介

本书结合矿井实际情况,以综放工作面采空区为研究对象,采取理论分析、实验研究和数值模拟相结合的研究方法,系统地研究了采空区渗流场域的形成特征及影响因素,对自由堆积体均质、非均质多孔介质进行了一维渗流实验研究;分析了工作面阻力分布对工作面两端压差、采空区内渗流压力的影响,采空区走向渗流场域、倾向渗流场域随采放比的变化规律,以及综放工作面采空区在不同采放比下的渗流规律、工作面阻力分布对工作面两端压差及采空区渗流的影响。

本书可供从事煤矿开采、矿井通风、矿井防灭火、煤矿瓦斯治理技术等研究工作的科研人员阅读,也可供高等院校安全工程、采矿工程等专业师生参考。

图书在版编目(CIP)数据

综放工作面采空区渗流场域及渗透系数研究/陈善乐著. —北京:冶金工业出版社,2020.7
ISBN 978-7-5024-7719-6

Ⅰ.①综… Ⅱ.①陈… Ⅲ.①综采工作面—采空区—渗流—研究 Ⅳ.①TD802

中国版本图书馆 CIP 数据核字(2020)第 119162 号

出 版 人　陈玉千
地　　　址　北京市东城区嵩祝院北巷 39 号　邮编　100009　电话　(010)64027926
网　　　址　www.cnmip.com.cn　电子信箱　yjcbs@cnmip.com.cn
责任编辑　李培禄　常国平　美术编辑　彭子赫　版式设计　禹　蕊
责任校对　卿文春　责任印制　禹　蕊
ISBN 978-7-5024-7719-6
冶金工业出版社出版发行;各地新华书店经销;三河市双峰印刷装订有限公司印刷
2020 年 7 月第 1 版,2020 年 7 月第 1 次印刷
169mm×239mm;7.75 印张;152 千字;114 页
47.00 元

冶金工业出版社　投稿电话　(010)64027932　投稿信箱　tougao@cnmip.com.cn
冶金工业出版社营销中心　电话　(010)64044283　传真　(010)64027893
冶金工业出版社天猫旗舰店　yjgycbs.tmall.com
(本书如有印装质量问题,本社营销中心负责退换)

前　言

工作面漏风是采空区内煤自燃需氧来源的唯一途径，且煤矿井下采空区空间构成复杂多变，其渗流场域参数的改变直接影响到渗流流场的改变，从而影响到采空区内煤自燃三带分布及其他采空区灾害的形成和防治。因此，对采空区内渗流场域及其特性的研究显得尤为重要。综放工作面形成的采空区具有空间大、遗煤多的显著特征，其渗流场域及渗流特性在不同采放比条件下具有一定的规律性，该类问题的分析是综放工作面采空区渗流规律研究的基础，也是综放工作面采空区灾害防治技术的理论支撑。

本书结合矿井实际情况，采取理论分析、实验研究和数值模拟相结合的研究方法，展开了以下研究：采空区渗流场域的形成特征及影响因素；将煤壁支撑影响区域内的冒落煤岩体视为自由堆积体多孔介质，利用自制模型对自由堆积体均质、非均质多孔介质进行了一维渗流实验研究，探究渗流速度、渗流压力梯度与介质粒径大小的关系，渗流状态转变的渗流速度阈值；建立采空区三维渗流模型，进行了工作面阻力分布对工作面两端压差、采空区内渗流压力的影响实验；基于采空区应力分布确定综放工作面采空区渗流场域大小的方法，利用离散元程序 UDEC 建立了综放工作面在采放比为 1：1、1：2、1：3 时的数值模型，分析了采空区走向渗流场域、倾向渗流场域随采放比变化的规律；利用 CFD 软件 Fluent 分析了综放工作面采空区在不同采放比下的渗流规律、工作面阻力分布对工作面两端压差及采空区渗流的影响，最后，通过现场实测数据的分析，验证了实验规律和数值模拟规律的正确性。

研究结果表明，在相同渗透速度变化范围内，随着构成多孔介质

"骨架"颗粒粒径的增加,渗透的压力梯度降低,渗流状态逐步由以黏性力为主的线性渗流向以惯性力为主的非线性渗流转变,且转变的渗流速度阈值逐步减小;非均质多孔介质中的渗透系数和渗流状态转变的渗流速度大小主要取决于其小粒径颗粒所占的比例;在相同地质条件下,随着综放工作面采放比的增加,采空区渗流场域在走向上减小,高度增加;采空区内渗流速度场分布具有较弱的对称性,进风隅角和回风隅角在相同速度区间内,回风侧渗流范围大于进风侧渗流范围,走向上,过渡渗流(非线性渗流)区域均出现减小的趋势,倾向上,过渡渗流(非线性渗流)区域增加;工作面阻力主要分布于进风端、回风端和工作面中部时,工作面两端压差依次减小,且当工作面阻力分布于工作面中部时,采空区中部渗透深度增加,工作面阻力分布于进、回风端时,采空区渗流出现明显的非对称分布。

本书总共6章。第1章从中国资源特点和能源消耗结构出发,综合分析了中华人民共和国自建国以来煤炭工业背景、煤矿安全生产形势,阐述了煤矿井下采空区渗流研究的重要性,并对与采空区渗流相关研究的科学理论基础和主要成果进行了总结,提出了本书的主要研究内容和方法。第2章总结分析了采空区空间垂直方向和走向方向上围岩的动态运移过程及其空间分布的一般特征,采空区内"竖三带"、走向"应力三区"的分布及其判定准则;提出了依据采空区内上覆岩层应力分布来确定采空区渗流场域的方法,即采空区渗流场域 $\Omega = H_{\text{裂}} L_{\text{w}} (b + c) = H_{\text{裂}} L_{\text{w}} L_{\sigma = \sigma_0}$;总结阐述了与采空区渗流相关的破碎岩体的压实特性、轴向应力对破碎岩体孔隙率和碎胀系数的影响。第3章开展了采空区渗流实验研究,包括一维均质多孔介质渗流实验、一维非均质多孔介质渗流实验、采空区阻力分布对采空区渗流影响的实验研究。第4章根据矿井实际条件,考虑回采过程中采空区上覆岩层位移的差异性和破碎岩层压实程度的不同,利用UDEC离散单元程序对综放工作面在采放比为1:1、1:2和1:3时的采空区内渗流场域进行了确定。第5章对特厚煤层综放工作面在采放比为1:1、1:2、1:3时的采空区内渗流规律进行了分析。第6章总结本书取得的成果及存在问题。

　　本书要特别感谢我的导师刘剑教授。刘老师不仅是我的学业导师，同时也是我的人生导师。同时感谢同门师弟对我的帮助和指导。本书得到贵州省联合基金研究项目（贵州省矿井瓦斯、高瓦斯等级鉴定智能系统基础研究，黔科合 LH 字［2016］7051 号）和贵州省教育厅基金项目（贵州省煤矿瓦斯防治特色重点实验室，黔教合 KY 字［2019］054）的联合资助。

　　由于时间和水平有限，书中难免有不妥之处，恳请大家批评指导。

作　者

2020 年 3 月 20 日

目　录

1 绪 论

1.1 研究背景

中国是一个贫油、少气、富煤的国家[1]。从储量看，中国现已探明的能源储量，煤炭约 95000 亿吨（其中经济可开采量约 12 亿吨），石油约 700 亿吨（其中可开采量约占 1/4），天然气约 80000 亿立方米。从占世界总储量的比例看，中国煤炭储量占世界总储量的 11%，石油约占 2.4%，天然气仅占 1.2%；从煤炭生产年产量来看，2007 年至 2012 年中国煤炭产量占据了世界煤炭总产量的比例超过了 40%，如图 1-1 所示。

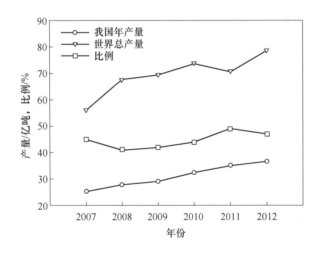

图 1-1 中国煤炭年产量与世界总产量（2007～2012 年）

从能源消耗结构来看，中国的能源消耗约占世界总量的 11%，位居第二，其中煤炭占 67.1%，原油占 22.7%，天然气占 2.8%，可再生能源占 7.3%，如图 1-2 所示；从中国煤炭工业发展的历史数据来看，自 1950 年以来，中国煤炭年产量总体上一直保持增长的趋势，如图 1-3 所示。

初步预测，在 21 世纪 30 年内，煤炭在中国一次能源构成中仍将占主体地位[2]，这种以煤炭为主的能源消耗结构促进了煤炭资源的大力开发与利用[3]。煤炭占能源消耗总量保持在 70% 左右，以 2012 年为例，中国煤炭总产量达到了 36.6 亿吨，当年的能源消耗结构中，煤炭占据了 68%，如图 1-4[4] 所示。

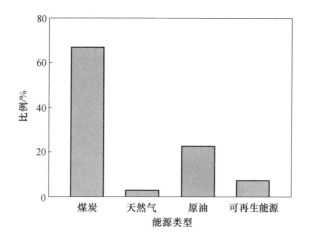

图 1-2　中国能源消耗占世界同类能源消耗的比例

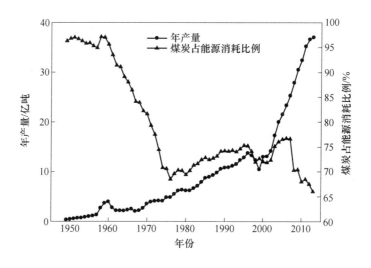

图 1-3　中国煤炭年产量及消耗比例变化（1950～2013 年）

　　正是这种对煤炭资源的需求，使得中国煤矿的开采深度每年以 10m 的速度递增[5]。由于煤炭安全生产技术滞后于煤炭开采，在煤炭资源开发与利用的过程中，安全生产灾害事故呈现出难以预测和避免的局面，虽然近年来在中国相关政策引导下，一些煤矿安全生产灾害事故的防治技术难题得以攻关，取得了一定成效，但影响煤矿安全生产的因素众多、发生的事故类型多样，这使得煤矿井下开采的安全生产形势仍不容乐观，煤矿安全事故导致的死亡人数占世界同类事故死亡人数的 80%。中国煤炭生产在 2009 年以前，每 7.4 天发生一起安全事故，

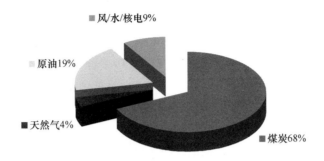

图 1-4 中国能源消耗结构（2012 年）

2014 年上半年，中国煤矿安全事故死亡的人数达 129 人之多。其事故发生的类型包括瓦斯爆炸、煤与瓦斯突出、顶板灾害、透水、冲击地压、采空区煤自燃及运输事故等。

煤矿生产系统的复杂性，导致了安全生产事故的多元化。影响和制约矿井安全生产的因素、事故类型众多[6,7]，其中影响因素包括：地质因素（岩体结构、地质构造、煤层倾角、顶板厚度、开采深度、不连续面性状和岩石 RQD 质量指标）、水文因素、工程因素（采空区规格形状、回采工艺、工程布置和采空区周围的开采影响）。据不完全统计，影响中国煤矿安全生产的事故类型主要有顶板、瓦斯和运输事故，该 3 类事故占事故总数的 89.4%，占死亡总人数的 81.58%；火灾死亡事故的严重度最大，平均每起事故造成 9.25 人死亡；瓦斯事故的危害最严重，事故起数占 17.10%，死亡人数占 34.41%[8]。

1.2 问题的提出

煤矿采空区是矿井发生瓦斯积聚与爆炸[9,10]、透水事故[11,12]、煤自燃[13~16]及矿压冲击[17~19]等灾害事故的主要地点之一，其中瓦斯积聚与爆炸、透水事故、煤自燃与采空区内的渗流特性密切相关。工作面回采后，形成的采空区内部碎裂岩层、遗煤的分布和其力学特性直接影响到采空区渗流的特性。

煤矿开采过程中，由于地质条件、开采技术、安全生产需要等因素，采空区存在大量的遗留浮煤，为采空区内煤的氧化自燃、瓦斯来源提供了物资条件，同时采煤工作面的漏风为采空区内煤自燃提供了足够的氧，岩层断裂、冒落、摩擦产生的火花以及煤自身氧化蓄积的热量为煤的自燃提供了能量，这些条件在时间和空间上的交汇时间大于煤的自然发火期即形成采空区煤自燃现象。煤矿自燃严重威胁着煤矿的安全生产，是制约中国煤炭工业发展的瓶颈之一，而采空区煤自燃在煤矿自燃发生总体中占有很大的比例。中国开采自然发火的煤矿超过 50%，每年发生煤自燃超过 4000 次，因此而封闭的工作面超过 100 个。国有重点煤矿中采空区煤自燃占同类火灾的 60%，其中绝大部分火灾是由采空区漏风引起的。采空区煤自燃往往引起采空区内瓦斯爆炸、煤尘爆炸等重大灾害事故，据不完全统计，2001～2011 年，中国因煤自燃而引发的煤矿重大事故共计 22 起，死亡 512 人，其中 30 人以上重特大事故 7 起，死亡 389 人。

同样，由于采空区内存在大量的遗煤，破碎的遗煤释放瓦斯，在工作面通风负压的影响下，采空区内的瓦斯出现一定的分布规律：工作面回风隅角瓦斯浓度高于进风隅角瓦斯浓度，采空区深部瓦斯浓度高于近工作面采空区的瓦斯浓度。因此，在煤矿生产过程中，工作面回风隅角经常出现瓦斯超限现象，瓦斯浓度甚至超过 20%。另外，由于瓦斯在回风隅角、采空区内部聚集且达到爆炸浓度极限，如遇到采空区内煤自燃和其他人为因素，将导致瓦斯燃烧、爆炸等瓦斯灾害事故。

综放工作面由于其独特的回采工艺，使得工作面回采后，形成的采空区具有空间大、遗煤多的显著特征。煤层开采厚度的增加，使得采空区至少在高度上出现明显的增加；综放开采在提高单面产量的同时也增加了采空区内的遗煤量，尤其是综放工作面"两道"的顶煤回采率低；同时由于开采强度增大，围岩受采动影响的范围扩大，采空区瓦斯涌出量也随之增大，工作面漏风强度增大，这些都增加了采空区自然发火的危险性。

采空区渗流相对于煤层/岩层中单一的水渗流、气体渗流或者二相渗流都要复杂得多，其复杂性主要体现在以下几个方面：

（1）构成采空区内多孔介质的骨架物质复杂多样。采空区内多孔介质是由垮落的岩块、遗煤以及未垮落但发生断裂变形的岩层构成，且构成介质的颗粒粒径大小不一、形状多样，这使得采空区内孔隙率在三维空间上呈现不均匀分布。

（2）渗流流体不单一。采空区内渗流流体无论在相态上还是在流体的组分上都"五花八门"，相态上包含气、液两相，气体组分上包含空气、瓦斯、CO、CO_2、H_2S 等，且气体之间在采空区条件成熟时能够相互反应，这更加剧了采空区内渗流的复杂程度。

（3）影响采空区渗流的因素众多。采空区多孔介质的组成特点受到覆岩性质、煤体性质以及工作面参数的影响，采空区内气体渗透压力受工作面阻力分布、漏风量的影响等。

近年来，众多学者利用多孔介质渗流力学对薄及中厚煤层回采后的采空区空间及其渗流特性进行了研究，并取得了一定成果。对特厚煤层综放工作面回采后形成的采空区研究主要集中在矿井特定地质条件和生产技术条件下的煤自燃"三带"划分及其防治技术[20~23]，而综放工作面的采放比对采空区的渗流场域大小及其渗流特性的影响机理研究尚少。采空区渗流场域的变化、孔隙率分布、工作面阻力分布对采空区渗流的影响等问题的分析是综放工作面采空区渗流规律研究的基础，也是采空区灾害防治技术的理论支撑，且其研究成果有助于综放工作面采空区瓦斯、煤自燃及透水等灾害事故防治技术和措施的发展。因此，有必要对以下问题进行研究：

（1）采空区多孔介质的非线性渗流规律。

（2）综放工作面采放比对采空区应力分布的影响。

（3）综放工作面采放比对采空区渗流场域分布的影响。

（4）综放工作面采放比对采空区渗流规律的影响。

（5）工作面阻力分布对采空区渗流规律的影响。

1.3 国内外研究现状

1.3.1 多孔介质模型

由固体骨架和相互连通的空隙、裂缝和/或各种类型毛细管所组成的材料称为多孔介质[26]。1968 年，Bear、Zaslavsky 和 Irmay 对多孔介质定义为：由多相物质所占据的一部分空间。其中，至少有一相不是固体，可以是气相或液相，固相应遍及整个多孔介质，形成多孔介质的骨架，无固体骨架的空隙/孔隙部分应相互连通。多孔介质广泛存在于自然界、工程材料和动植物体内，如岩石、土壤，人造过滤设施、砖瓦、活性炭，植物的根、茎、枝、叶，动物的微细血管网络、组织间隙等。

多孔介质具有内部比面很大（10^4 量级）、空隙截面很小（一般为 10^{-6} ～ $10^{-4} cm^2$）、空隙通道交错迂回的结构特征。多孔介质是渗流的载体，对多孔介质进行准确的描述是研究渗流力学的前提[24]，主要基于孔隙率、比面、迂曲度、渗透率、孔喉半径、压缩系数等概念，随着研究的深入，有学者提出分形、双重介质、双孔隙度、双渗透率等新概念来进行描述[25-31]。概括起来，目前主要有 3 类描述多孔介质的模型：

（1）连续介质模型。这是针对均匀多孔介质的传统描述模型，对于裂缝型多孔介质，如果可以忽略基质块的渗透性，则也可以用此模型来描述。该模型是渗流力学的基础，其应用方便，大多数工程渗流问题都可基于这一模型来开展研究，但对于含有裂缝的多孔介质，有时会导致错误的结论。

（2）裂缝网络模型。用来描述含裂缝的多孔介质，它忽略基质块的渗透性，认为流体仅在裂缝网络中流动。该模型需通过对裂缝产状、尺寸、密度、隙宽等几何参数进行统计分析后，建立裂缝网络样本。从某种程度上讲，该模型较连续介质模型能更合理地描述裂缝型多孔介质的特征。

（3）裂缝孔隙双重介质模型。该模型既要考虑基质块中的孔隙，又要考虑裂缝尺度和分布等参数，是最为接近实际情况的模型，但也是最复杂的，还有待深入研究。

在采空区渗流研究的初期，连续介质模型一度被用来分析采空区渗流问题，经过实验和实践的验证，采空区内多孔介质为非均匀介质，且含有大量的孔隙（冒落带）和裂缝（裂隙带），因此，裂缝孔隙双重介质模型是研究采空区渗流问题的最佳选择，但由于采空区结构的复杂性、隐蔽性，该模型还需进一步研究。

1.3.2　渗流力学的发展

1852~1855年，法国水利工程师 Heyrr Darcy 为解决 Dijon 城地下水开发的工程问题，在垂直圆管中装满砂土进行了大量的水通过砂土的渗流试验研究，并于1856年总结出了水在砂土颗粒间隙中的流动规律，即著名的 Darcy 定律（线性渗透定律），这标志着渗流力学的诞生[32,33]。渗流力学的发展进程大致可分为4个阶段：基础理论的建立、稳定渗流理论、非稳定渗流理论和现代渗流理论。其中前3个阶段为经典渗流理论的内容。

1863年，法国工程师、水力学家 Arsene-Jumes-Emile Juvenal Dupuit 针对缓变流动提出了用潜水位代替侧压水头的方法，使得同一剖面各点的渗流速度相等，给出了 Dupuit 潜水井流公式。

1886年，澳大利亚水利学家 Philip Forchheimer，根据 Dupuit 假设给出了透水边界附近潜水含水层中的潜水渗流量计算公式。

1889年，H. E. 茹科夫斯基推导出渗流的微分方程。

1901年，P. Forchheimer 等研究了更为复杂的地下水渗流问题，奠定了渗流计算理论的基础。

1904年，法国数学力学家 Joseph Boussinesq 认为水是不可压缩的，利用 Dupuit 假设，给出潜水渗流运动的微分方程，为非稳定流理论的发展奠定了基础。

1922年，H. E. 巴普罗斯基提出了求解渗流场的电模拟法。

1931年，Richards[34] 将 Darcy 线性渗流理论推广应用到非饱和渗流中。

1940年，Jacob 参照热传导理论建立了地下水渗流运动的基本微分方程。

1956~1973年，Boit[35,36] 建立了三维固结理论，诠释了 Mnadel-Cryer 效应，奠定了多孔介质与流体耦合作用的理论基础。

1965年，Zienkiewicz 将有限元法引入地下水渗流耦合问题。

1984年，Noorished[37] 等人在饱和多孔介质流-固耦合渗流数学模型的基础上发展了多相饱和渗流与多孔介质耦合作用的理论模型。

随着人类活动对资源的需求增加，渗流力学逐步由地下水工程向石油、天然气、工业、生物等工程发展。研究的问题也逐渐复杂，由达西渗流向非达西渗流、非牛顿流体渗流、非连续介质中渗流、多相多组分渗流[38,39]方向发展，以及这些渗流中的物质运移[40~42]、溶质运移[43,44]、热量运移[45,46]问题研究。

1.3.3 采空区渗流

目前，针对煤矿采空区渗流问题的研究很大程度上是将采空区研究模型进行简化，突出主要问题来进行分析。主要研究手段有解析解法[47~49]、数值计算法[50,51]、物理模型实验法[52,53]和现场监测法[54]等。其中，解析解法是在一定物理背景下对所建立的数学模型进行直接求解析解，再通过所求的解来反推某些渗流参数，这种方法难以实现，使用较少；数值计算法是在一定的物理条件下建立数学模型，结合有限元法进行离散求解，最终得到研究问题的数值解；物理模型试验法是将研究问题的原型按照相似原理建立不同比例尺模型来解决工程问题的一种科学方法，使用范围较广；现场监测法虽然能更好地接近研究问题的原始条件，获取的数据最接近真实情况，但耗费人力物力巨大，且测试条件复杂，环境恶劣，一般很少采用。

在采空区内的遗煤由于得到应力释放，吸附的瓦斯气体得以解吸并释放于采空区内，但随着采空区应力的恢复，瓦斯气体在采空区内的渗流与其在原煤层中的渗流状态接近。中国自 20 世纪 60 年代就进行了煤层瓦斯渗流力学的研究[55~57]，在基于视煤层为大尺度均匀分布的连续多孔介质前提下，初步认为煤层内瓦斯的流动符合 Darcy 定律；到 20 世纪 80 年代，煤层瓦斯渗流的线性规律得到了修正，并采用 Langmuir 方程来描述煤层瓦斯的等温吸附[56,58~60]，发展了非均质煤层的瓦斯流动数学模型[61,62]。随着计算机技术和数值计算理论的进步，有限单元法（FEM）[63]、边界单元法（BEM）[64]成功地应用到了煤层瓦斯渗流中来，使得国内瓦斯渗流力学的数值模拟方法又向前迈出了一大步。

在采矿工程中，煤层中的水渗流研究主要包括两个部分：承压含水层的突水和采空区突水机理研究、煤层注水防治技术研究。其中，煤层注水是防治煤与瓦斯突出、瓦斯爆炸、粉尘灾害及冲击地压的常用措施。随着煤矿开采强度的增加，井深也逐年递增，矿压对顶底板的破坏加剧，矿井水灾害严重危及生产安全，承压水渗流、采空区水渗流和煤层中水的渗流特征研究直接关系到矿井水灾害的防治。文献［65］在设定的假设条件下，较早地根据煤层注水、疏水和水突出的大量工程实际、实验结论，提出了固体与不可压缩流体（水）相互作用的固结数学模型，得到地下水渗流的连续性方程。文献［66］将煤层注水中的水渗流问题看为有动界面运动的渗流力学问题，利用径向流、平行流原理，分别导出了厚煤层、薄煤层提前注水防治冲击地压的注水时间和流量的计算公式。

采空区内气体渗流的研究大致可分为两个方面：理论分析与应用、采空区破碎煤岩体气体渗流的实验研究。其中，理论分析与应用主要是采用多孔介质渗流力学理论分析采空区内部孔隙率、煤岩碎胀系数、渗透系数的分布特征和数学模型，并利用这些模型对采空区内的瓦斯分布、煤自燃"三带"分布等进行描述和相关灾害的预测及防治工作；实验研究主要集中于破碎煤岩体在应力的影响下，其孔隙率、碎胀系数和渗透特性的变化规律。

文献［67］将煤层受采动后采空区中的裂隙分为了大型及较大型裂隙、中型裂隙、较小及小型裂隙，分别从裂隙的粗糙度、宽度及裂隙之间的接触出发，分析了该类因素对渗流的影响。

文献［68］将采空区内孔隙率视为二阶张量，对采空区内孔隙率在三维上的分布进行了研究。

文献［47］建立了采空区内瓦斯浓度分布流场的数学模型，并利用伽辽金有限算法进行了求解。

文献［50］采用移动坐标求解采空区范围随工作面推进而变化问题，建立了相关的采空区采漏风流场、氧气浓度场和温度场相耦合的自然发火数学模型。

文献［48］、［69］提出了利用多孔介质流体动力学分析采空区内气体流动的方法，并利用渗流方程对采空区内气体流动状态进行了描述，结合弥散方程、传热方程提出了采空区自然发火的四个充要条件。

文献［49］用流场理论建立了采空区气体流动及火灾分布的数学模型，得到了采空区内火源点位置的分布规律。

文献［20］、［21］针对采空区内非线性渗流问题建立了采空区内岩石碎胀系数、渗透系数随工作面推进变化的二维模型。

文献［70］通过引入动态收敛因子，改进了迭代算法的收敛效果；并通过对采空区内瓦斯涌出强度的研究，建立了采空区瓦斯和自燃耦合数学模型，开发了 G3 程序求解煤耗氧和瓦斯涌出共同环境下采空区瓦斯-氧浓度及温度的分布，揭示了高强度的瓦斯涌出可抑制遗煤的升温现象。

文献［71］通过对采空区冒落矸石堆积状态进行照相，再利用 MIVni 图像分析软件解算照片中的孔隙总面积与分析区域面积的比值，得到采空区孔隙率在采空区空间上呈簸箕形状分布。

文献［72］应用多孔介质流体动力学理论，建立了考虑重力影响的综放采场三维流场数学模型，并采用上游加权多单元均衡方法对采空区流场的压力和风速分布进行数值模拟，确定综放工作面采空区煤自燃"三带"的范围（自燃带风速范围为 $0.12 \sim 0.33 \mathrm{m/min}$）。

文献［73］将采空区渗流视为一个包含紊流、过渡流和层流的二维多孔介质非线性渗流，并根据 Bachmat 提出的非线性渗流方程，引入流函数，建立了采空区内混合气体非线性渗流的二维数学模型，对采空区内渗流场的压力、速度和气体组分的分布情况进行了研究。

文献［74］运用多孔介质流体力学、对流传热传质学、传热学理论建立了采空区内三维非稳定渗流场、温度场的数学模型。

矿业工程中多孔介质渗流规律的研究关乎到工程中的产量、安全等一系列问题，因此，国内众多学者从不同方面对岩石、煤体中的渗流特性进行了实验研究。其主要目的是找出多孔介质渗透特性与介质骨架、过流流体相关参数的基本规律，一般为渗透率 k 与颗粒形状、颗粒大小、排列方式、骨架的力学特性和流体的密度、黏度等的关系。常用的测试方法有瞬态渗流法和稳态渗流法。

对于采空区内破碎煤岩体自身的渗透特性实验研究，文献［75］~［77］中利用 MTS815.02 岩石力学伺服试验系统结合自行设计的破碎岩体压实渗透实验装置进行了一系列的实验室实验，得到了轴向应力、渗透压差、水头梯度与渗流速度的关系。

文献［78］~［80］从微观尺度对岩石破裂过程的渗透性质以及与应力的耦合机理进行了一系列研究。

文献［81］~［85］对破碎岩石中的非 Darcy 渗流进行了一系列研究，得到了破碎岩石压实过程中的渗透特性与载荷、颗粒直径的回归关系和非 Darcy 渗流因子 $\rho\beta$，揭示了破碎岩体的渗透特性不仅与当前的应力状态有关，而且与其应力加载历史相关。

文献［86］通过变化的围压和孔隙压力的作用，开展了三轴应力作用下煤样渗透率变化规律的实验研究，系统地研究了含瓦斯煤在变形过程中渗透率的变化规律。

文献［87］通过 MTS815.02 岩石力学实验系统渗透试验，指出岩石堆积体中的渗流满足非达西流动，其渗流速度与压力梯度满足 Ahmed-Sunada 关系 $\left(\dfrac{\partial p}{\partial x} = \dfrac{\mu}{K} v + \rho\beta v^{n}，n\ 为非线性指数\right)$；岩石堆积体的空隙与体积应变存在相关性，渗透特性不仅取决于粒径，且与岩性、应力加载时间有关；岩石堆积体的渗透特性随散体厚度（在相同载荷下）的变化很明显。

文献［88］针对煤矿采动围岩、采空区处于峰后应力或破碎状态的特点，煤的渗透率在峰后比峰前增加了数个量级，研究了其非 Darcy 渗流规律，并利用谱截断方法建立了 Ahmed-Sunada 非 Darcy 渗流降阶动力学方程，解释了煤矿突水和煤与瓦斯突出动力灾害的原因。

文献［89］利用开发的一种非 Darcy 渗透特性试验装置对破裂岩石的渗流规律进行实验，获得了非 Darcy 渗流的渗流特性、渗透率和非 Darcy 渗流 β 因子，得到破碎岩石压实过程中渗透特性与载荷、颗粒直径的回归关系，以及在某一特定载荷作用下，渗透特性 $\rho\beta$ 与破碎岩石颗粒直径呈线性关系；破裂岩石渗流特性的统计指标与轴向应变关系可以用二次多项式拟合，渗透特性的变异系数随轴向应变增大而减小。

文献［90］对破碎岩石的渗透特性进行了一系列研究，认为破碎岩石的渗透特性主要由孔隙率决定，而孔隙率取决于当前的应力状态和应力的加载历史，即孔隙率和渗透特性有显著的时变特性。研究认为：破碎岩石的渗流符合 Forchheimer 关系（即 $J = av + bv^2$，当渗流速度较大，雷诺数超过一定界限时，渗流开始偏离 Darcy 定律）；破碎岩体的渗透率（k）、非 Darcy 渗流 β 因子与孔隙率（φ）之间近似呈幂函数关系。

　　文献［83］利用 MTS815.02 岩石力学伺服试验系统完成了破碎页岩压实过程中的渗透特性测定，得到了轴向应力、渗透压差、水头梯度与渗流速度的关系。文献［75］利用相同的研究手段，对破碎煤体的渗透特性进行了研究，分析了各种粒径的破碎煤体在不同渗流速度下轴向应力对渗透系数的影响。其结果与文献［77］、［91］、［92］研究的应力对煤渗透系数实验结果近似。

　　通过对比文献［83］和文献［75］，虽然破碎岩体与破碎煤体的渗透特性受轴压下的影响具有相同的规律，但在轴压增加的条件下，破碎煤体的渗透系数下降速率比岩石大，渗流压差增加速率比岩石增加快。究其原因，主要是因为在相同的轴压增量下，破碎煤体的强度低于破碎岩体，易产生破坏而形成微小颗粒煤体，对介质空隙的堵塞程度较强，另外，破碎煤体在高压下的黏结特性比破碎岩体要强，这些最终导致破碎煤体的孔隙率下降比破碎岩体孔隙率下降快，从而致使相同渗透规律下的差异。

　　文献［93］以氮气作为渗流介质，研究了镜屏大理岩的低渗透特性规律，充分考虑了低渗透特性多孔介质的 Klinkenberg 效应（在渗透率 $\leqslant 10^{-16} \mathrm{m}^2$ 的条件下，当气体的平均分子自由程和孔隙尺寸相当时，管壁上的气体分子处于运动状态，速度不为 0，即出现一个较之连续流相的附加流量），由 Klinkenberg 效应导出的气体渗透率公式为：

$$k_{\mathrm{g}} = k\left(1 + \frac{b}{p}\right) \approx k\left(1 + \frac{2b}{p_0 + p_{\mathrm{L}}}\right) \tag{1-1}$$

式中　k_{g}——气体渗透率；

　　　　k——绝对渗透率；

　　　　p——气体压力，近似为试样进气压力 p_0 和出气压力 p_{L} 的平均值；

　　　　b——Klinkenberg 系数，由温度、气体类型和多孔介质孔隙结构确定，

　　　　　　　并有：

$$b = \frac{16c\mu}{\bar{w}}\sqrt{\frac{2RT}{\pi M}} \tag{1-2}$$

式中　μ——气体的黏度，kg/（m·s）；

　　　　M——气体的摩尔质量，g/mol；

　　　　$\bar{w}$——介质的空隙直径，m；

　　　　R——气体的普适常数，取 8314m²/（s²·K）；

　　　　T——绝对温度，℃。

文献［93］利用稳态渗透法与轴向位移控制法对粒径为 5 ~ 10mm、10 ~ 15mm、15 ~ 20mm、20 ~ 25mm 以及混合粒径的破碎岩体、煤矸石的非 Darcy 渗流特性进行了测试，给出了岩样在不同轴向位移水平下的孔压梯度与渗流速度关系曲线，得到了渗透特性随孔隙率的变化规律，揭示了 Darcy 渗流偏离因子可能为负的现象。

煤矿采空区是一种明显的受限空间堆积体多孔介质，在采空区不同的位置，堆积体受到的轴向应力也不同，因此采空区多孔介质参数是关于采空区点位置的变量。堆积体的内在渗透率与骨架的性质有关，即孔隙率、形状、比表面积、变曲率等因素，一般可以表示为：

$$k = c_k \frac{\varphi^2}{1 - \varphi^2} d_m^2 \tag{1-3}$$

式中　c_k——一个无量纲的综合系数；

　　　φ——孔隙率；

　　　d_m——平均调和粒径，m。

对于堆积体多孔介质，文献［94］进行了相关的理论分析和试验研究，利用水作为流体介质进行渗透实验，认为堆积体的渗透规律主要受到水力梯度和介质本身及流体的影响，但其渗透规律仍是一个完整的物理过程，根据因次分析理论和动力平衡方程式，堆积体多孔介质渗透规律的统一表达式为：

$$J = \frac{1}{k} \frac{\mu}{\gamma} v + \frac{c}{g \sqrt{k}} v^2 \tag{1-4}$$

式中　k——堆积体多孔介质的渗透率，$k = \dfrac{\beta \varphi^2}{\lambda_1 (1 - \varphi)} d_m^2$；

　　　c——修正系数，$c = \dfrac{\alpha}{\alpha \varphi^2} \dfrac{\alpha_i \beta}{\alpha \beta_i} \lambda_1 \lambda_2 c_f \sqrt{\dfrac{1 - \varphi}{\lambda_2 \beta}}$；

　　　μ——流体的动力黏滞系数；

　　　γ——水的密度，kg/m^3；

　　　v——渗透流速，m/s；

　　　α——颗粒的面积形状系数；

　　　β——颗粒的体积形状系数；

　　　φ——孔隙率；

　　　λ_1——线性渗透规律时颗粒与颗粒之间的影响系数；

　　　λ_2——紊流渗透时颗粒与颗粒之间的影响系数。

在利用水作为流体介质时，渗流规律进入线性阶段之前会出现不满足达西公式的前线性阶段，其公式为：

$$J = J_0 + \alpha v^m + \frac{1}{k}\frac{\mu}{\gamma}v + \frac{c}{g\sqrt{k}}v^2 \tag{1-5}$$

式中　J_0——起始水力坡降。

按照雷诺数 Re 的大小可将渗流划分为四个阶段：前线性阶段、线性阶段、过渡流阶段和完全紊流阶段[95]：

（1）当为前线性阶段时，$Re < Re_{kp1}$（Re_{kp1} 为第一临界雷诺数），其表达式为：

$$J = J_0 + \alpha v^m (m < 1) \tag{1-6}$$

（2）当为线性阶段时，$Re_{kp1} < Re < Re_{kp2}$（Re_{kp1} 为第一临界雷诺数，Re_{kp2} 为第二临界雷诺数），其表达式为：

$$J = J_0 + \frac{1}{k}\frac{\mu}{\gamma}v \tag{1-7}$$

（3）当为过渡阶段时，$Re_{kp2} < Re < Re_{kp3}$（Re_{kp2} 为第二临界雷诺数，Re_{kp3} 为第三临界雷诺数），其表达式为：

$$J = J_0 + \frac{1}{k}\frac{\mu}{\gamma}v + \frac{c}{g\sqrt{k}}v^2 \tag{1-8}$$

（4）当为完全紊流阶段时，$Re > Re_{kp3}$，其表达式为

$$J = J_0 + \frac{c}{g\sqrt{k}}v^2 \tag{1-9}$$

在进行多孔介质渗流稳定规律分析时，若骨架颗粒非常小，一般可用线性阶段的式（1-7）表示；在粗颗粒的渗流分析中，流体一般处于过渡阶段或者完全紊流阶段，且起始水力坡降 J_0 很小，可忽略，则一般用式（1-8）、式（1-9）分别表示。

文献 [96] 对堆积体的颗粒粒径特征对渗透特性的影响进行了研究，结合堆积体颗粒的概率统计分布模型建立了堆积体颗粒含量与渗透系数之间的经验公式，认为堆积体颗粒堆积方式形成的孔隙网络的几何形状在一定程度上影响着其渗透特性。堆积体中某种小于粒径 i 的颗粒含量（p_i）与渗透率（k）之间存在以下关系：

$$k = ce^{-np_i} \tag{1-10}$$

式中　c，n——与堆积体本身性质相关的常数。

纵观上述文献对多孔介质渗透特性的研究，影响多孔介质渗透特性的因素有介质的孔隙率（φ）变化、介质所受的载荷变化（应力变化）、介质自身的力学特性和黏结特性，以及流体的密度（ρ）、黏度（μ）、渗流压差等相关。实验过程中主要是通过测定测试段的流体比流量（q）、多孔介质测试段的压力梯度（J），然后对测试的散点数据进行拟合来得到某种条件下的渗流规律的经验公式。

虽然文献 [95] 通过研究提出了堆积体多孔介质渗流的四个阶段判定的雷

诺数准则，文献［96］对堆积体多孔介质中不同粒径配比下的渗流特性进行了初步研究，但均未得出某种粒径在四个阶段渗流下的雷诺数具体数值。

渗透系数是描述流体通过多孔介质孔隙难易程度的一个物理量，是渗流理论中最为基本和重要的参数之一，其表达式为 $K = k\rho g/\eta$，式中 k 为多孔介质的渗透率；η 为流体的动力黏滞性系数；ρ 为流体密度。渗透系数的应用领域非常广泛，如石油工业、地下水工程、水利水电工程等。

在煤炭工程领域中，煤层注水、煤层气开发、工作面瓦斯灾害治理以及采空区渗流的研究都与渗透系数相关。渗透系数的测定一般可通过实验室测定和野外现场测定来实现。目前，测定渗透系数的仪器种类和试验方法较多，从原理上大致可分为常水头测试法和变水头测试法。众多学者根据渗透系数的影响因素、应用领域的不同，分别进行了理论分析和实验研究。

在煤岩渗透系数与应力、应变关系的研究方面，文献［97］根据节理岩体的力学本构关系，导出了含一组或多组节理的岩体的等效渗透系数与复杂应变的耦合关系式。文献［98］借助现代化的电液伺服岩石力学试验系统，以数控瞬态渗透法进行了全应力-应变过程的软煤样渗透特性试验，得到煤样全应力-应变过程对应的渗透系数是体积应变的双值函数。

在渗透系数反问题的研究方面，文献［99］利用有限单远伽勒金法对含水层的渗透系数进行了反求。文献［100］提出了渗透系数反分析最优估计方法，该方法是在已知渗流系统的输入和输出信息条件下，求解渗流系统中各介质的渗透系数值。文献［101］采用一种基于有限单元法的反分析法，根据对不同连续介质渗流特性进行的压力测试，解得了表征各向异性岩体渗透特性的渗透系数。

文献［102］通过实验测得了煤岩渗透系数在不同应力状态下的变化规律：在煤岩应力不变的状态下，当水力梯度增加到一定值时，渗透系数迅速增大；煤岩平均应力越小，渗透系数出现急剧增加所需要的压力梯度越小。

文献［103］引入了粒间状态变量，通过实验发现砂土的渗透系数随着细粒含量的增加而减小，且这种减小的趋势随着细粒含量的变化而不同。

文献［104］将岩土层的渗透系数分成了两部分：垂向渗透系数和径向渗透系数，通过分析认为，径向渗透系数远大于垂向渗透系数。

文献［105］提出了煤岩吸附量-变形-渗透系数同时测定的方法，并开发了一套实验装置。

1.4 本书研究内容

基于已有的研究成果和综放工作面的特征，本书利用岩层控制理论、流体力学理论、渗流力学等理论对综放工作面采空区的空间分布特征、渗流特性、应力分布特征及其相互作用机理进行研究，主要从以下几个方面开展研究工作：

（1）采空区的渗流特性对遗煤自燃、透水、瓦斯积聚与爆炸等灾害事故都具有决定性的影响，本书从综放开采的特点，从煤岩的应力-应变特性，讨论综放工作面采空区空间中的渗流场域范围，并建立相应的判定数学模型。

（2）采空区内破碎煤岩体在未受到上覆岩层自重载荷时，可将其视为松散堆积体，利用自制一维和三维实验模型，分析松散堆积体颗粒粒径对渗透压差的影响；渗流速度对渗透压差的影响；颗粒粒径、渗流速度对渗透系数的影响；工作面阻力分布对工作面两端压差和采空区内渗流的影响。

（3）结合实验矿井实际条件，利用离散元程序 UDEC 计算软件模拟分析不同采放比条件下综放工作面回采后，采空区的应力分布状态，得到在相同条件下采空区内渗流场域随采放比变化的分布规律。

（4）利用 CFD 软件工具，模拟分析综放工作面采空区在不同采放比条件下的渗流特性；工作面阻力分布对工作面两端压差和采空区渗流的影响。

1.5　技术路线

煤矿井下采空区研究为一多学科交叉课题，且受到实际条件和安全方面的限制，采空区内部的现场实验难以实现，单从实验室和数值模拟也难以掌握相关规律。在本书研究过程中，将充分利用现场调研、文献资料查阅、理论分析、实验分析和数值模拟相结合的方法对相关内容进行研究。本书的研究技术路线如图 1-5 所示。

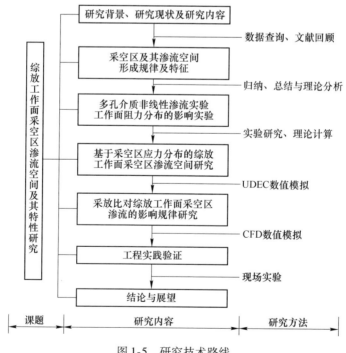

图 1-5　研究技术路线

1.6　本章小结

　　本章从中国资源特点和能源消耗结构出发，综合分析了中华人民共和国自建国以来煤炭工业背景、煤矿安全生产形势，阐述了煤矿井下采空区渗流研究的重要性，并对与采空区渗流相关研究的科学理论基础和主要成果进行了总结，提出了本书的主要研究内容和方法，具体如下：

　　（1）对采空区渗流场域及其特性的研究意义进行分析；

　　（2）对国内外采空区渗流研究的理论基础进行了总结，即多孔介质和渗流力学；

　　（3）总结了采矿工程领域内的渗流问题——煤层气渗流、煤层水渗流和采空区渗流的研究成果；

　　（4）针对综放开采工作面在不同采放比条件下尚未解决的采空区渗流问题，提出了本书的主要研究内容、研究方法和技术路线。

2 采空区的空间特征及其渗流场域

本章基于相关理论基础，分析了采空区在垂直空间上"竖三带"和走向上"应力三区"的空间形成特征、岩层运移规律及其判定准则，阐述了轴向应力对破碎岩体参数的影响，总结得出采空区渗流场域的范围。

2.1 矿井采空区的形成

在采矿工程领域里，采空区一般指地上（露天开采）、地下（井工开采）的可利用资源（金属、稀土及煤炭等矿体）和为了开采资源而不得不同时被开采的非资源岩体（如掘进开采的岩体、与煤体共同开采出来的煤矸石等）被采出后留下来的"空洞"实体。图2-1（a）、（b）所示为井工开采时形成的地下采空区，图2-1（c）、（d）所示为露天开采时形成的地面采空区。

本书中的"采空区"特指井工开采中特厚煤层综放工作面回采形成的"采空区"，即地下煤层被回采后，工作面后方所形成的采掘空间以及空间内遗煤、

(a)   (b)

(c)   (d)

图2-1 地下采空区和地面采空区

冒落的上覆煤/岩层和底鼓的下位煤/岩层统称为"采空区"。

由于地下煤炭资源赋存条件的复杂性和人为勘探的困难程度高，采煤工作面回采后所形成的采空区都具有隐伏性强、空间分布特性规律性差、采空区顶板冒落塌陷情况难以预测等一系列特点，人们对其分布范围、空间形态特征等定量化判定难以进行，这也是一直以来困扰工程技术人员对采空区进行治理的关键所在。目前，随着煤炭资源的利用与开发，矿井由浅部向下延伸，众多矿井开采深度已经达到 1000m，由采空区带来的灾害已经成为制约煤矿安全生产的瓶颈之一。这种由采空区导致的灾害主要包括：采空区透水、采空区瓦斯积聚与爆炸、采空区遗煤自燃、矿压冲击、坍塌事故以及采空区导致的地表下沉等。

地下煤层回采后，煤层围岩在骑上地层压力的作用下发生较为复杂的移动和变形，其行为包括：弯曲、垮（冒）落、煤的挤出（片帮）、岩石沿层面滑移、垮落岩石的下滑（或滚动）、底板岩层的隆起。在分布空间上，覆岩移动状态可划分为 5 个子区：垂直下移区、垂直上移区、垂直与水平移动区、底板下移区和开采支撑压力区，如图 2-2 所示。

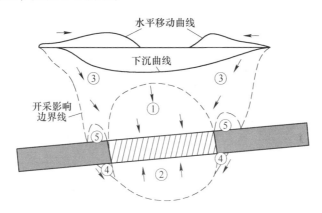

图 2-2　采空区围岩移动状态分布
①—垂直下移区；②—垂直上移区；③—垂直与水平移动区；
④—底板下移区；⑤—开采支撑压力区

随着工作面的推进，采空区范围扩大，围岩的这种变形、移动等行为在垂直方向上和走向方向上也会具有显著的特征：

（1）围岩变形的方向性。垂直方向上，岩层发生的弯曲下沉、离层、断裂直至冒落均以垂直于水平层面的法向为主。

（2）围岩变形的空间局限性。由于受上覆岩层坚硬顶板、预留煤柱的空间限制及岩层的力学特性，变形岩层在法向上的变形一般不会达到采出煤层的厚度，在水平方向上，不会超出工作面回采规模。

2.2　采空区垂直空间分布及判定

有关采空区上覆岩层活动规律的研究，存在一系列的假说来揭示这种现象。最早的"压力拱"假说是由德国人哈克（W. Hack）和吉里策尔（G. Gillitzer）于 1928 年提出的，认为在回采工作面空间上方，由于岩层自然平衡的结果而形成了一个"压力拱"。拱的前支撑点为工作面前方的煤体，后支撑点是在采空区已垮落的矸石上或采空区的充填体上，拱的两个支撑点均为应力集中区域，工作面和采空区中部处于应力降低区，随着工作面的推进，拱保持两支撑点距离基本不变的形态向前移动。

"悬臂梁"假说是由德国的施托克（K. Stoke）于 1916 年提出的，认为工作面和采空区上方的顶板可视为梁，一端固定于岩体内部，另一端处于悬伸状态，当顶板由几个岩层组成时，则形成组合悬臂梁，随着工作面回采，悬臂梁悬空距离增加，发生弯曲下沉，最终发生断裂，工作面的继续推进使得这种断裂具有一定的周期性，从而引起了工作面的周期来压。

"铰接岩块"假说由苏联的兹涅佐夫于 1950～1954 年提出，认为工作面上覆岩层的破坏可分为垮落带和规则的移动带，垮落带下部垮落时，岩块杂乱无章，上部垮落时，呈规则排列，规则移动带岩块间可以相互铰合而形成一条多环节的铰链，并规则地在采空区上方下沉。

"预成裂隙"假说由比利时人 A. 拉巴斯于 20 世纪 50 年代提出，认为由于开采的影响，回采工作面上覆岩层的连续性被破坏，从而形成非连续体，回采工作面周围存在着应力降低区、应力增高区和采动影响区，三个区域随着工作面的推进而相应地向前移动。

通过大量生产实践和试验，中国学者于 20 世纪 70 年代末 80 年代初提出了"砌体梁"力学模型，该模型具体地给出了破断岩块的咬合方式和平衡条件，讨论了老顶破断时引起的岩体扰动，解释了采场矿山压力的显现规律。

2.2.1　上覆岩层运移规律及特征

随着井下采煤工作面的逐渐推进，工作面上覆岩层的应力平衡遭到破坏，并将出现原岩应力破坏—应力不平衡—新的应力平衡的循环现象。形成采空区的周边岩层随着采空区空间的扩大，也逐渐发生复杂的变形和移动，但这些变形和移动都呈现出可识别的规律性。对上覆岩层而言，在垂直方向上，其变形和移动从下往上一般过程为冒落、断裂、裂隙、离层、弯曲、最终移动终止，这些移动特征与地质、采矿等因素有关，且具有明显的分带性[96,106]。通过长期的观测与实践，一般将上覆岩层划分为冒落带、裂隙带和弯曲下沉带，也有将裂隙带再次划分为两个区域的观点，即将采空区上覆岩层分成冒落带、块体铰接带、似连续带和弯曲下沉带[107]。采空区上覆岩层"三带"划分如图 2-3 所示。

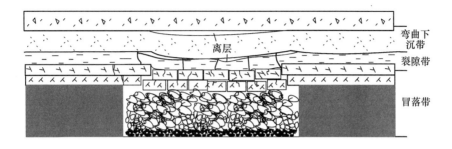

图 2-3　采空区上覆岩层垂直方向移动分带

2.2.1.1　冒落带的形成及其特征

煤层回采后，直接顶直接垮落于回采空间，随着回采空间的进一步增大，破坏变形逐步向上延伸，上覆岩层遭到断裂破坏，与母体岩层脱离，冒落至采空区，即形成了冒落带，也称垮落带，直到回采空间（采空区）被遗煤、冒落的直接顶和上覆岩层块体充填满后为止。这些垮落的直接顶、上覆岩层块体大小不一，呈不规则形状。冒落带内，岩层具有以下几个基本特征：

（1）煤岩体的碎胀性。煤层、岩层在原始赋存状态下，由于受到层与层之间的应力作用和空间限制，表现得较为致密，当煤层被采出后，应力得以释放且具有运动空间（采空区），遗煤、冒落的顶板岩块，其体积较之原始赋存时的体积有所增加，这种体积增加的性质即为碎胀性。遗煤及冒落的顶板岩层在自然堆积状态下，其碎胀系数是决定冒落带总体高度的主要因素，同时也是影响采空区渗流规律的重要因素。根据中国一些矿井的统计发现，冒落岩块在初次采动及未承受其上覆岩层压力的堆积状态时，其碎胀系数为 1.0 ~ 1.99，平均 1.40 ~ 1.62。在此后每次分层开采时，由于多次垮落，垮落岩块反复受到破坏，块度变小，破碎度增加，碎胀系数减小[106]。

（2）冒落岩块的不规则性。地层结构复杂，在回采空间的尺度上，煤岩层是一种非均质体，因此，在遭到破坏后，一般会出现块度不一的无规则断裂、碎裂。再者，由于煤层及直接顶的力学性质相对较弱，遗煤破碎颗粒较之冒落的顶板岩层的块体要小，并位于采空区底层；岩性坚硬、厚度较大的岩层，其破坏后冒落步距大，块度也大；岩性软弱，岩层厚度较小的岩层，垮落岩块块度小。这种煤岩层冒落的不规则性，是影响煤层顶板再生性和降低冒落区域岩块隔水性的主要原因。在厚及特厚煤层采取分层开采时，上分层采空区内垮落的岩块在下分层开采的时候将再次垮落，这使得采空区内冒落的煤岩块粒径将随着厚及特厚煤层分层次数的增加而出现块度变小的现象。

（3）密实性差。采空区内冒落带的密实程度是从另一个角度来描述其特性，其与煤岩碎胀性的主要区别是用来刻画冒落带透水、透气和透砂能力。采空区冒落带的密实性主要与冒落煤岩块的大小、煤岩体自身的力学性质、重新达到应力平衡所需要的时间长短及上覆岩层自重应力的大小密切相关。煤岩体力学性能越弱，冒落带重新固结的可能性越大，则其透水、透砂能力越差，特别是在采空区为防治煤自燃而进行灌浆技术处理后，冒落带重新形成密实的再生顶板，甚至可能局部地恢复其原有的隔水能力。冒落带稳定时间越长，密实性越好。

2.2.1.2　裂隙带的形成及其特征

裂隙带位于冒落带之上，弯曲下沉带之下，一般是由于冒落带上部岩层发生了破断，但未完全脱离岩层冒落，仍以块体形式整齐排列，断裂裂隙并未贯穿整层。其基本特征有：

（1）规则性。裂隙、块体排列的规则性是裂隙带的显著特点。无论是在缓倾斜煤层还是在急倾斜煤层的条件下，在裂隙带内，上覆岩层一般发生垂直或近于垂直层面的裂隙，岩层的这种裂隙的大小取决于岩层所承受的变形性质和大小、岩性、层厚及空间位置。以水平、近水平煤层的开采为例，裂隙带内的裂隙一般都为垂直或斜交于岩层为主，这主要是因为岩层在变形的过程中，岩层上部发生的挤压变形，下部为拉伸变形，从而在下部形成垂直于岩层水平轴线的拉张裂隙，但不穿过整层，拉张裂隙的张开程度取决于岩层所受载荷的大小以及自身厚度。一般地，靠近冒落带的岩层，裂隙发育程度大；远离冒落带的岩层，裂隙发育程度小。

（2）强导水性。由于岩层拉张裂隙的存在，在靠近冒落带部分，其隔水性遭到破坏，导水性强，渗水严重的情况下，易引起井下工作面涌水量增加，诱发透水事故。

2.2.1.3　弯曲下沉带的形成及其特征

弯曲下沉带指裂隙带顶部到地表的那部分岩层由于受自重的作用，发生向下弯曲的弹性变形，该带内的岩层，基本上是处于水平方向双向受压缩状态，因而其密实性及塑性变形的能力得到了提高，具有较好的隔水性。其基本特征主要表现为：

（1）整体连续性。弯曲下沉带内岩层不发生破坏性断裂，基本无裂隙产生，整个岩层的弯曲下沉是连续的，保持岩层原有整体性。尤其是软弱岩层和松土层表现较为明显。

（2）隔水性。较之冒落带和裂隙带，弯曲下沉带裂隙极少，且连通性差，岩层的隔水性基本不受到影响。根据采深、采厚、岩性、地层结构及采煤方法与顶板管理方法等的不同，弯曲下沉带内岩层，如以坚硬、中硬和坚硬、中硬、软硬岩层相间为主时，可能会表现为由下而上逐层的弯曲变形。不管是哪一种变形类型，采空区上方弯曲下沉带内的岩层，基本上是处于水平方向双向受压缩状态，因而弯曲下沉带内的岩层，在一般情况下具有较好的隔水能力，成为水体下采煤的良好保护层。

无论是冒落带、裂隙带还是弯曲下沉带，除与煤层自身的力学性质有关外，还受到开采方法、工作面规模（采空区大小）、开采深度和煤层倾角的影响，因此"三带"不一定同时存在。从岩层破坏的形式来看，可将采空区上覆岩层分为5个区域：（1）拉张破坏区，岩层以冒落为主；（2）局部拉张区，岩体发生某种程度的拉张裂隙，且拉张裂隙区与拉张裂隙无沟通通道，二者之间被未破坏区和塑性变形区相隔离；（3）拉张裂隙区；（4）塑性变形区，该区内主要以塑性变形（韧性岩层）、剪切破坏（脆性岩层）为主；（5）弹性变形区，该区内岩层未发生任何破坏，保持连续分布。

采空区内上覆岩层的变形特征分区和"三带"之间的对应关系如图2-4所示。

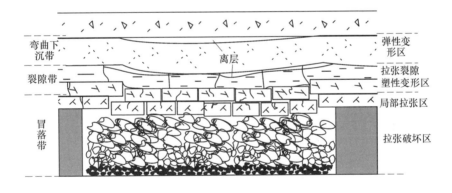

图2-4 "三带"与变形特征分区

2.2.2 "竖三带"的判定

采空区上覆岩层变形过程是由弹性变形向塑性变形转变、塑性变形向受拉变形转变，直至断裂、冒落，岩体断裂失稳应力判据表示为[108]：

$$\begin{cases} F_1 = \sigma_3 - \sigma_t = 0 & (I_1 < \sigma_t) \\ F_2 = \sqrt{J_2} - \alpha_r I_1 - k_r = 0 & (\sigma_t < I_1 \leqslant I_0) \\ F_3 = J_2 + (I_1 - I_0)^2 - (\alpha_r I_1 + k)^2 = 0 & (I_1 < I_0) \end{cases} \quad (2\text{-}1)$$

式中　　　I_1——第一应力张量不变量，$I_1 = \dfrac{1}{3}(\sigma_1 + \sigma_2 + \sigma_3)$；

$\qquad J_2$——第二应力张量不变量，$J_2 = \dfrac{1}{6}\big[(\sigma_1 - \sigma_2)^2 + (\sigma_2 - \sigma_3)^2 + (\sigma_3 - \sigma_1)^2\big]$；

$\qquad \sigma_1 \sim \sigma_3$——主应力；

$\qquad \sigma_t$——岩石的抗拉强度；

$\qquad I_0$——第一应力张量不变量 I_1 的一个特征值；

$\qquad k_r$，α_r——岩石介质的材料常数，可通过试验获得。

式（2-1）中的第二式即是 Drucker-Prager 判据[108]，式（2-1）经变换可得：

$$R = \begin{cases} \dfrac{\sigma_3}{\sigma_t} & \sigma_t < I_1 \\[3mm] \dfrac{\alpha_r I_1 + k_r}{\sqrt{J_2}} & \sigma_t < I_1 \leqslant I_0 \\[3mm] \dfrac{(\alpha_r I_1 + k)^2}{J_2 + (I_1 - I_0)^2} & I_1 > I_0 \end{cases} \qquad (2\text{-}2)$$

式中　R——岩体的稳定性系数。

当 $R < 1$ 时岩体处于不稳定状态，当 $R > 1$ 时岩体处于稳定状态，而当 $R = 1$ 时岩体处于基本稳定状态。

在工作面回采初期，除随采随冒的直接顶外，其他围岩处于弹性变形状态，随着回采工作面的进一步推进，上覆岩层将出现应力集中，发生拉张变形，产生拉张破坏，岩层失稳冒落于采空区内；当顶板岩层与冒落于采空区内的岩块接触后，冒落岩块的支撑反力和变形约束使上部岩层逐渐进入塑性强化阶段，应力重新平衡过程中，塑性区和弹性区交界线逐渐向上发展，当塑性区内岩层的拉应变达到岩层的极限拉应变时，岩层由塑性转化为脆性而产生拉张破坏，并在上部岩层中形成裂隙发育的拉张区，即拉张裂隙区；在变形向上传递的过程中，应力集中使得拉张裂隙区上部岩层出现弹性向塑性变形转化，形成塑性变形区，最后在塑性变形区上方岩层和表土层，由于其受下部岩层移动变形影响较小，基本保持原有层状结构，其变形也以弹性变形为主，形成弹性变形区。根据 R 的大小可给出判定采空区上覆岩层"三带"分布的标准，即：岩层稳定性系数 $R < 1$ 为冒落带，岩层稳定性系数 $R > 1$ 为弯曲下沉带，岩层稳定性系数 $R = 1$ 为裂隙带。

利用 Drucker-Prager 的稳定性系数 R 对采空区上覆岩层进行"三带"划分在实际应用中具有局限性，且需要大量的实验。一般地，可根据经验公式或现场测试[109]得到"三带"的分布位置。

2.2.2.1 冒落带高度的确定

当煤层顶板为坚硬、中硬、软弱、极软弱岩层或其互层时，冒落带最大高度可按统计经验公式计算[110]：

$$H_{\text{冒}} = \frac{100M}{aM + b} \pm q \qquad (2-3)$$

式中　M——累计采高，m；

　　　a，b——常数，可通过最小二乘法拟合确定，见表2-1；

　　　q——修正常数。

表 2-1　冒落带高度计算的经验公式

覆岩岩性	坚硬	中硬	较软	极软
经验公式	$\dfrac{100M}{2.1M + 16} \pm 2.5$	$\dfrac{100M}{24.7M + 19} \pm 2.2$	$\dfrac{100M}{3.2M + 32} \pm 1.5$	$\dfrac{100M}{7.0M + 63} \pm 1.2$

除经验统计计算式（2-3）以外，冒落带高度的理论计算式为：

（1）若上覆岩层内存在极坚硬岩层，煤层开采后能形成悬顶，开采空间及冒落岩层本身的空间只能由碎胀的岩石充填，则其冒落带最大高度公式为：

$$H_{\text{冒}} = \frac{m}{(K_0 - 1)\cos\alpha} \qquad (2-4)$$

（2）若上覆岩层为坚硬、中硬、软弱和极软弱岩层或其互层时，开采空间和冒落带岩层本身的空间可由顶板的下沉即冒落岩石的碎胀来充填满，则其冒落带最大高度的计算公式为：

$$H_{\text{冒}} = \frac{m - w}{(K_0 - 1)\cos\alpha} \qquad (2-5)$$

式中　m——煤层开采厚度，m；

　　　K_0——冒落岩石的残余碎胀系数；

　　　α——煤层倾角，（°）；

　　　w——冒落过程中顶板的下沉值，m。

2.2.2.2 弯曲下沉带高度的确定

将弯曲下沉带的岩层视为连续介质，埋深为 H 的岩层单元体铅直应力 σ_z 为：

$$\sigma_z = \gamma H \qquad (2-6)$$

式中 γ——上覆岩层的平均体积力，kN/m^3；

  H——单元体距离地表的深度，m。

在均匀岩体中，岩体的自重力状态为：

$$\begin{cases} \sigma_z = \gamma H \\ \sigma_x = \sigma_y = \lambda \sigma_z \\ \tau_{xy} = 0 \end{cases} \qquad (2\text{-}7)$$

式中 λ——侧压系数。

由广义胡克定理，岩层单元体各方向应变为：

$$\begin{cases} \varepsilon_x = \dfrac{1}{E}\left[\sigma_x - \mu(\sigma_y + \sigma_z) \right] \\ \varepsilon_y = \dfrac{1}{E}\left[\sigma_y - \mu(\sigma_z + \sigma_x) \right] \\ \varepsilon_z = \dfrac{1}{E}\left[\sigma_z - \mu(\sigma_x + \sigma_y) \right] \end{cases} \qquad (2\text{-}8)$$

式中 E——单位岩体的弹性模量，MPa。

单元体在水平方向受到相邻岩体的位移约束，则有 $\varepsilon_x = \varepsilon_y = 0$，$\sigma_x = \sigma_y$，$\sigma_z$ 和 σ_x、σ_y 之间的关系为：

$$\begin{cases} \sigma_x = \sigma_y = \dfrac{\mu}{1-\mu} \\ \sigma_z = \dfrac{\mu}{1-\mu}\gamma H \end{cases} \qquad (2\text{-}9)$$

则有：

$$\lambda = \frac{\mu}{1-\mu} \qquad (2\text{-}10)$$

式中 μ——岩石的泊松比，一般为 $0.2 \sim 0.3$。

若岩层由多层不同体积力的岩层组成，自下而上各层岩层的厚度和体积力分别为 h_1、h_2、$\cdots$、h_n、$\cdots$、h_m，γ_1、γ_2、$\cdots$、γ_n、$\cdots$、γ_m，则岩体的自重初始应力为：

$$\begin{cases} \sigma_z = \displaystyle\sum_{i=1}^{m} \gamma_i h_i \\ \sigma_x = \sigma_y = \lambda \sigma_z \end{cases} \qquad (2\text{-}11)$$

由式（2-11）可知，岩体的自重应力随深度呈线性增长。在一定深度范围内，岩体基本上处于弹性状态，当深度超过一定深度时，自重应力大于岩体的弹性强度，岩体将转化为处于前塑性状态或塑性状态。根据最大剪应力理论，塑性条件为：

$$\tau_{\max} = \tau_0 \tag{2-12}$$

或

$$\frac{1}{2}(\sigma_z - \sigma_x) = \tau_0 \tag{2-13}$$

将式（2-9）、式（2-11）代入式（2-13）有：

$$\frac{1}{2}(\sigma_z - \sigma_x) = \frac{1}{2}\sigma_z(1 - \lambda) = \frac{1}{2}(1 - \lambda)\sum_{i=1}^{m}\gamma_i h_i = \tau_0 \tag{2-14}$$

若采空区上覆岩层中第 m 层满足式（2-12），则可计算岩体由弹性状态过渡到塑性状态的临界深度 H_0，即弯曲下沉带的深度：

$$H_{弯} = H_0 = \sum_{i=n+1}^{m} h_i \tag{2-15}$$

2.2.2.3 裂隙带高度的确定

煤层开采深度为 H 的情况下，在得知冒落带高度和弯曲下沉带高度时，裂隙带高度如图 2-5 所示，可由式（2-16）计算得到：

$$H_{裂} = H - (H_{弯} + H_0) = H - \left(\frac{100M}{aM + b} \pm q + \sum_{i=n+1}^{m} h_i\right) \tag{2-16}$$

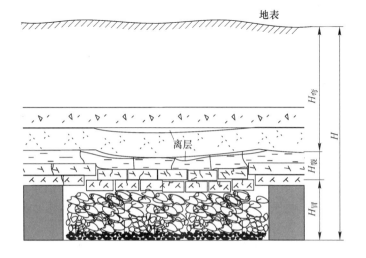

图 2-5 "三带"高度示意图

当煤层顶板为坚硬、中硬、软弱、极软弱岩层或互层时，裂隙带最大高度的统计经验公式如表 2-2 所示。

表 2-2　裂隙带最大高度经验公式

顶板岩性	经验公式 1	经验公式 2
坚硬	$H_{裂} = \dfrac{100 \sum m}{1.2 \sum m + 2.0} \pm 8.9$	$H_{裂} = 30 \sqrt{\sum m} + 10$
中硬	$H_{裂} = \dfrac{100 \sum m}{1.6 \sum m + 3.6} \pm 5.6$	$H_{裂} = 20 \sqrt{\sum m} + 10$
较软	$H_{裂} = \dfrac{100 \sum m}{3.1 \sum m + 3.6} \pm 5.6$	$H_{裂} = 10 \sqrt{\sum m} + 10$
极软	$H_{裂} = \dfrac{100 \sum m}{5.0 \sum m + 8.0} \pm 3.0$	

上覆岩层裂隙带高度的确定是采空区瓦斯治理中的重要工作，尤其是采取走向高位钻孔抽放采空区内瓦斯时，采空区上覆岩层裂隙带高度的确定直接关系到瓦斯抽放效果。在工作面瓦斯灾害治理中，通常采取以测试实验钻孔抽放浓度变化的方法来判定采场中实际裂隙带的高度[109]。一般地，随着偏离工作面采空区边界的距离增加，裂隙带高度亦随之增加。

2.3　采空区走向空间分布及判定

2.3.1　采空区走向空间分布及特征

随着回采工作面的推进，采空区在走向上呈现出一定的规律性，这种规律性直接体现在采空区空间布局、矿压显现上，直接影响到工作面的安全生产。同垂直方向一样，产生该规律性变化的本质原因是煤层回采后，煤层的围岩应力平衡遭到破坏，使得围岩发生复杂的变形和移动。这种变形和移动亦具有显著的方向性和局限性特征：（1）变形的方向性，即岩层变形均以垂直于层面的法向为主；（2）变形的有限性，即岩层的法向变形一般不会达到采出煤层厚度，更远小于岩层自身厚度。根据采空区内冒落岩层重新压实的程度不同，将采空区在走向上划分为三区，即重新压实区、应力恢复过渡区和煤壁支撑影响区[111]；根据采空区遗煤氧化状态的不同，又可以将采空区在走向上划分为窒息带、自燃氧化带和散热冷却带。这两种划分标准不同，但其区域基本能够对应，其中重新压实区对应于窒息区，过渡区对应于自燃氧化带，煤壁支撑影响区对应于散热冷却带。

在工作面回采初期，也是采空区形成的初始阶段，该时期内，煤层顶板悬顶跨距小，应力集中主要出现在工作面前方的煤壁和采空区后方的煤壁，此时岩性较弱的直接顶出现应力释放、变形和断裂，并冒落至采空区遗煤上，形成采空区内自然松散煤岩堆积体。直接顶初次垮落的标志是其垮落高度超过 1 ~ 1.5m，范围超过全工作面长度的一半。初次垮落距离的大小由直接顶岩层的强度、分层厚度、岩层内节理裂隙的发育程度所决定。采空区形成初期如图 2-6 所示。

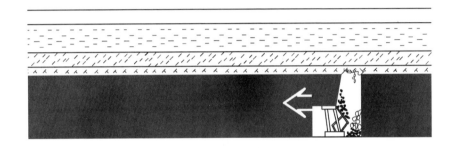

图 2-6　采空区形成初期

工作面的进一步回采，煤层顶板悬顶跨距增加，在跨距内直接顶完全冒落，直接顶上部的岩性较强的坚硬顶板悬架于工作面煤壁和采空区后方煤壁之上，形成"简支梁"结构。此时，坚硬顶板骑上地层的重力传递至两端的支撑点上，即煤壁上，根据"简支梁"受力特点，坚硬顶板最大弯矩发生在"梁"的中间。当顶部载荷超过极限强度时，岩层发生塑性变形，并由塑性变形向拉张破断转变，断裂的岩体冒落至采空区内，断裂块度相对较大，并排列整齐，与前期冒落的直接顶、遗煤堆积体接触，但对顶部岩层不产生支撑作用；断裂岩层的顶部岩层出现弯曲下沉变形，并产生未贯穿岩层的拉张裂隙，最终导致老顶初次断裂，如图 2-7 所示。

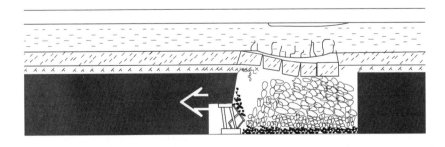

图 2-7　采空区稳定过渡期

在老顶初次断裂过后，随着工作面的继续推进，坚硬顶板表现为"悬臂梁"结构，上覆岩层的重量传递至工作面煤壁上，并在煤壁前方产生应力集中；由于顶部载荷的加载作用，在"悬臂梁"结构岩层的上半部分产生拉张变形，下半部分产生压缩变形，当载荷大于极限强度时，变形由弹性变形转为塑性变形，最后导致回转破断。这种老顶的回转破断、冒落会在工作面出现明显的压力显现，即周期来压现象。

如图 2-8 所示，随着工作面的推进，在采空区深部，断裂的顶板冒落至采空区自然堆积煤岩体上，上部岩层发生弯曲下沉，采空区内的自然堆积煤岩体提供了支撑反作用力，最终自然堆积煤岩体在上部地层自重的作用下达到新的应力平衡，冒落体被逐步压实；在工作面正常推进过程中，由于工作面后方覆岩运动是自下而上发展的，上部岩层与下部岩层之间处于离层状态或不传递岩重的接触状态，自下而上各组岩层的后支承点是一个滞后一个排列的，因而工作面后方采空区压力是单调上升的，后方覆岩活动稳定后可上升到原始应力。因此形成了图 2-8 中的采空区内 a 区域，即重新压实区。

在靠近工作面一侧，由于受支架支撑和煤壁支撑的影响，应力集中向工作面前方偏离，使得采空区内靠近回采工作面一侧形成应力释放区域，即煤壁支撑影响区，如图 2-8 中的 c 区域，同样地，煤层回采后，在开切眼位置由于受煤柱支撑影响，也存在煤壁支撑影响区，即 c′ 区域，但随着回采时间的增加，采空区应力得以恢复，c′ 区域范围逐渐减小；介于重新压实区和煤壁支撑影响区之间的采空区内范围，称之为"应力恢复过渡区"，如图 2-8 中的 b 区域。

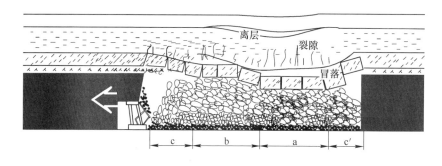

图 2-8　采空区形成相对稳定期

2.3.2　采空区走向"应力三区"的判定

采空区走向上的"应力三区"（重新压实区、应力恢复过渡区、煤壁支撑影响区）的主要特征就是：重新压实区应力近似等于原岩应力；煤壁支撑影响区受"悬臂梁"的"保护"处于上部无载荷的情况，因此，该区域在走向上的大小即为"悬臂梁"的极限跨距；应力恢复过渡区则是由低应力状态向原岩应力转变的区间,位于煤壁支撑影响区和重新压实区之间。因此,划分"应力三区"的标准一般可采用采空区应力分布的大小来判定。

图 2-9 所示为工作面"悬臂梁"拉张断裂的临界位置,A 点为采空区冒落煤岩体应力恢复到接近原岩应力的临界点,B 点为即将断裂的悬顶触矸点。工作面回采后,走向上煤壁支撑影响区域应该包含两个部分,一是工作面煤壁,二是开切眼煤壁,但随着工作面往回推进,开切眼煤壁支撑影响区范围逐渐缩小,且该区域不影响工作面的安全生产和其他工程灾害问题,所以一般忽略不计。由于受煤壁支撑影响,在 B 点至工作面范围内,顶板与采空区内冒落的煤岩体无接触,冒落的煤岩体处于自然堆积状态,"悬臂梁"的极限跨距即为煤壁支撑应力影响区范围的大小(图中靠近工作面的 c 区),也是工作面周期来压步距。

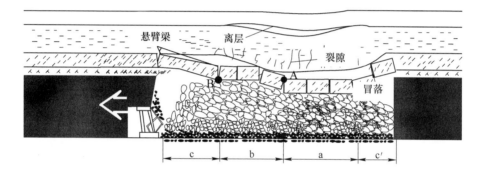

图 2-9 "悬臂梁"结构断裂

根据材料力学理论,对工作面"悬臂梁"有:

$$\begin{cases} \sigma = \dfrac{MY}{J} \\ M_{\max} = \dfrac{qL^2}{2} \end{cases} \tag{2-17}$$

式中 M——"悬臂梁"的弯矩,m;

L——"悬臂梁"的极限跨距,m;

q——顶部传递的载荷。

当 σ 取岩层的极限抗拉强度 R_T 时,可得"悬臂梁"极限跨距,即工作面煤壁支撑影响区域走向长度为周期来压步距:

$$c = L = h\sqrt{\frac{R_T}{3q}} \tag{2-18}$$

式中 c——采空区工作面煤壁支撑影响区域大小,m;

h——岩层厚度，m。

随着工作面的继续推进，采空区在上覆岩层自重的作用下，逐步得以压实，一定距离后，在采空区深部一点（A）会出现应力恢复至原岩应力状态，从靠近工作面"悬臂梁"断裂触矸点（B）至原岩应力恢复点（A）之间即为采空区内应力恢复的过渡区域，其大小 b 可表示为：

$$b = L_{\sigma \approx \sigma_0} - c = L_{\sigma \approx \sigma_0} - h\sqrt{\frac{R_\mathrm{T}}{3q}} \tag{2-19}$$

式中　b——采空区应力恢复过渡区域大小，m；

$L_{\sigma \approx \sigma_0}$——采空区内应力恢复为原岩应力点距离工作面的长度，m。

应力恢复点（A）往采空区深部以里即为采空区重新压实区域，忽略开切眼支撑影响区域，重新压实区域大小 a 可表示为：

$$a = L_z - b - c \tag{2-20}$$

式中　L_z——工作面在走向上推进的总长度，m。

2.4　轴向应力对破碎岩体参数的影响

破碎岩石广泛存在于自然界中，其具有明显的流动特性，在采矿和地下工程中破碎岩体尤为普遍。工程中遇到的破碎岩体大致可分为两类：一类是岩体原有构造再加开挖应力作用破碎后仍处于原来位置的破碎岩体，称为原位破碎岩体，如煤矿中的围岩松动圈；另一类是由采动或开挖破碎冒落后的堆积体或人工充填体，并在高围压作用下再次压实，称为堆积破碎岩体，如煤矿井下采空区。描述破碎岩体的参数主要有形状因子[112]、碎胀系数、孔隙率和孔隙比。无论是哪种破碎体，其受载后的变形较之完整时的岩体要大得多，同时具有与完整岩体明显不同的力学性质，如碎胀、压实等。

2.4.1　破碎岩体的压实特性

破碎岩体在受到载荷后将会被逐步压实，使得其所占据的空间逐步减少，这种体积的减少一般包括以下几个过程：

（1）受载初期，该时期几乎没有由于外部载荷而导致颗粒的再次破碎，但破碎岩石颗粒在外部载荷的作用下，克服了颗粒与颗粒之间的摩擦阻力，产生滑动和滚动现象，颗粒与颗粒之间发生位置变换，皆移动到较为密实且更稳定的平衡位置上，产生空隙体积压缩，随着空隙体积的减小，破碎岩体越来越密实，这时期产生的体积减小是由于粒径之间的空间位置变更引起的，这也是破岩体压实变形的主要部分。

（2）二次破碎时期，该时期在外部载荷的作用下，岩石颗粒产生二次破碎，碎裂的细小颗粒被填充至空隙中，造成破碎岩石体积的进一步减小，但相比于初始时期的体积减小量，二次破碎时期的体积减小是破碎岩体压实的次要部分。

（3）弹性变形时期，由于二次破碎时期使得原有颗粒之间的间隙基本被碎裂的细小颗粒充填，破碎岩体在外部载荷的继续增加下，破碎岩体颗粒将产生弹性变形，引起破碎岩体的整体压缩，但这部分变形量极小，对破碎岩体压实变形的影响相对不是很大。

在煤矿井下采空区内，其"重新压实区""应力恢复过渡区""煤壁支撑影响区"分别属于弹性变形时期、二次破碎时期和受载初期。

文献［112］中通过实验给出了破碎砂岩、破碎页岩、破碎煤的压实曲线，如图 2-10 所示。

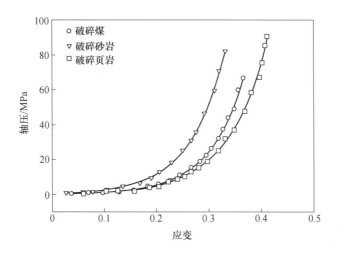

图 2-10　破碎煤/砂岩/页岩的压实曲线

从图 2-10 中可以看出，在轴向应力加载初期，破碎岩体结构尚未产生抗力，应力很小，但变形较快；随着岩体应变的增加，破碎岩体结构逐渐紧密，产生抗力，应力的增长变得迅速。经实验统计，破碎岩体的应力-应变呈指数关系：

$$\sigma = a e^{b\varepsilon} \tag{2-21}$$

式中　σ——轴向应力；

　　　ε——岩块的轴向应变；

　a，b——回归系数，砂岩：$a=0.582$、$b=1.497$，煤：$a=0.264$、$b=1.512$，
　　　　　　页岩：$a=0.328$、$b=1.36$。

破碎岩体的压实度-轴向应力变化具有以下特征：

（1）破碎岩体压实度随轴向应力的增加而减小，二者之间呈对数关系。

（2）加载初期，压实度递减较快，当轴向载荷达到一定值以后，压实度递减速度变缓。

（3）随着轴向应力的继续增加，破碎岩体经历压密—破碎—压密的循环过程，最后岩体被压密，压实度达到某一稳定值。

（4）破碎岩体压实度随轴向应力的变化由于岩体的自身强度和破碎岩块的粒径不同而存在差异性，一般地，岩块强度越大，岩块粒径越大，压实度变化越慢。

2.4.2　轴向应力对破碎岩体孔隙率、碎胀系数的影响

在轴向应力的作用下，破碎岩体逐渐被压实，在这个过程中孔隙率逐渐减小，因此孔隙率是随轴向应力变化而发生变化的。当轴向压力增加时，破碎的岩块之间发生错动，岩块向着较为紧密的位置达到平衡；随着轴向应力的继续增加，破碎岩块的棱角或大块岩体发生继续破碎，产生的小岩块继续充填岩块之间的空隙，因此，孔隙率是随着轴向压力的增加而减小。

通过对破碎煤、破碎页岩、破碎砂岩和破碎泥岩的轴向应力-孔隙率的实验，孔隙率与轴向应力呈多项式关系[113]：

$$\varphi = \beta_1 \left(\frac{\sigma}{\sigma_0} \right)^3 + \beta_1 \left(\frac{\sigma}{\sigma_0} \right)^2 + \beta_3 \frac{\sigma}{\sigma_0} + \beta_0 \qquad (2\text{-}22)$$

式中　β_1——回归系数；

　　　σ——轴向应力。

饱和破碎岩体的孔隙率-轴向应力之间呈对数关系：

$$\varphi = -a\ln\frac{\sigma}{\sigma_0} + b \qquad (2\text{-}23)$$

式中　a，b——回归系数；

　　　σ——轴向应力。

破碎岩体孔隙率随轴向应力的变化具有以下特征：

（1）加载初期，破碎岩体结构不稳定，平衡性差，破碎岩体的块体与块体之间容易产生错动，这种错动形成一种粒径筛选现象，即较小粒径由于错动逐步填充至块体之间的空隙中，达到一种临时平衡状态，错动造成破碎岩体孔隙率减小得快，是孔隙率变化的主要时期。

（2）随着应力的继续增加，顶部大粒径破碎岩块发生第二次破碎，颗粒的破碎量增加，越来越多的细微颗粒填充至岩块之间的空隙中，破碎岩体更加密实，但孔隙率减小变得缓慢。

（3）当压力较大时，由于围压的作用，孔隙率随压力的变化相当微小，最终趋于稳定值，但在一定时期内，这个"稳定值"还是大于破碎前原岩的孔隙率。

（4）在应力状态相同时，粒径越小，孔隙率越大，岩体强度越大，残余孔隙率越大。

岩体的碎胀系数与岩体本身的物理力学性质、外加载荷大小及破碎后经历的时间有关，在采矿工程中，如对工作面煤层顶板采用全部垮落法进行管理，垮落岩体被压实后的高度一般取决于岩体的碎胀系数[114]。有研究表明：无论岩体强度与块度如何，碎胀系数与轴向应力之间皆符合对数关系[113]，即

$$K_p = a\ln\frac{\sigma}{\sigma_0} + b \tag{2-24}$$

式中　K_p——破碎岩体的碎胀系数；

　　　a，b——回归系数；

　　　σ——轴向应力。

图 2-11 为破碎煤、破碎砂岩、破碎页岩的碎胀系数随轴向应力的变化曲线，从图 2-11 中可看出：

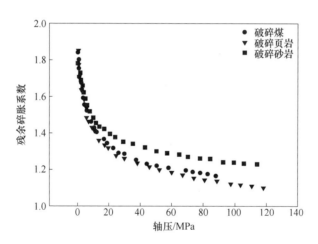

图 2-11　破碎煤、破碎砂岩、破碎页岩的轴向应力-碎胀特性曲线

（1）随着轴向应力的增加，破碎岩体的碎胀系数呈现单调递减的趋势。

（2）在轴向应力加载初期，破碎岩体的碎胀系数变化最快，随着应力的继续增加，破碎岩体的碎胀系数变化趋于缓慢。

（3）随着应力的进一步增加，达到一定值后，破碎岩体的碎胀系数基本得到稳定，即为残余碎胀系数，此时，岩块之间的空隙越来越小，排列越来越紧

密，继续增加压力，碎胀系数将趋向于1。

（4）在轴压达到一定值后，在相同的轴向应力状态下，岩体的强度越大，碎胀系数减小得越慢，图2-11中，相同状态下（$\sigma > 20\text{MPa}$ 后），碎胀系数变化出现趋势为：煤＜页岩＜砂岩。

大量实验证明，破碎后岩体的体积 V' 大于破碎前岩体的体积 V，因此，岩体的碎胀系数 K_p 是一个大于 1 的参量。一般地，岩体破碎的块度越小，碎胀系数 K_p 越大；不同块度混合型碎块的碎胀系数 K_p 要小于任意单一块度的碎胀系数。

2.5　采空区渗流场域

煤层开采后，采用自然垮落和人工强制放顶的顶板管理的采空区是一种典型的多孔介质空间，冒落在采空区空间的煤岩体、遗煤可视为多孔介质固体骨架，煤岩块之间的空隙即为多孔介质的孔隙。广义上的渗流指的是流体通过多孔介质的流动，从此定义出发，凡是地表以下的流体流动皆可称为渗流，因为地层本身就是一种多孔介质材料。而在采空区相关问题中，人们一般只关心可能导致采空区工程灾害的渗流，如采空区透水、遗煤自燃、瓦斯积聚和爆炸，这些灾害只在采空区内或采空区某一区域发生，涉及的流体为气体（CH_4、CO、C_2H_6、CO_2 等）、液体（水）等，因此，本书中的采空区渗流特指采空区内某一范围中的流体流动。

从采空区的形成过程分析来看，回采初期，组成采空区"多孔介质"材料的主要是遗煤和冒落的直接顶块体，成自然堆积状，不受围压、垂直载荷的影响；随着工作面的推进，采空区"多孔介质"材料受到上覆地层重量的影响，从而改变了采空区"多孔介质"材料的块度、排列方式，即改变其空隙特性。另外，破碎煤岩体之间的空隙相对于煤岩体自身原生空隙要大得多，在研究采空区渗流时，煤岩体的原生空隙基本可以忽略。根据前面对采空区在垂直方向上和走向方向上的空间分布规律及特征可知：垂直方向上，弯曲下沉带岩层处于弹性变形阶段，具有整体连续性，无破断裂隙；走向方向上，重新压实区冒落的煤岩体由于受上覆地层重力的影响而被压实，并恢复到接近原岩应力，空隙空间变得极小。因此，采空区渗流场域在垂直方向上为冒落带、裂隙带，在走向上为应力恢复过渡区、煤壁支撑影响区，以及工作面倾向全长共同构成的三维空间，如图2-12 所示。

由图2-12 和式（2-16）、式（2-19）、式（2-20）可知，煤矿井下采空区内渗流场域即为垂直高度为采空区内裂隙带的高度、走向长度为采空区内应力恢复为接近原岩应力点的深度，可简单表示为：

$$\Omega = H_{裂} L_w (b + c) = H_{裂} L_w L_{\sigma \approx \sigma_0} \tag{2-25}$$

式中　Ω——采空区渗流场域体积大小，m^3；

$H_{裂}$——采空区裂隙带高度，m；

L_w——工作面长度，m；

$L_{\sigma \approx \sigma_0}$——采空区内应力近似恢复至原岩应力的点距工作面的长度，m。

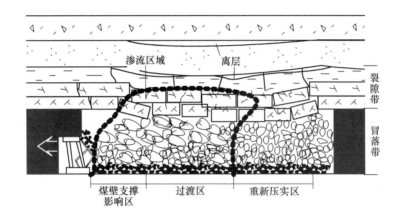

图 2-12 采空区渗流场域分布

2.6 本章小结

（1）总结分析了采空区空间垂直方向和走向方向上围岩的动态运移过程及其空间分布的一般特征，采空区内"竖三带"、走向"应力三区"的分布及其判定准则。

（2）提出了依据采空区内上覆岩层应力分布来确定采空区渗流场域的方法，即采空区渗流场域 $\Omega = H_{裂} L_w (b+c) = H_{裂} L_w L_{\sigma = \sigma_0}$。

（3）总结阐述了与采空区渗流相关的破碎岩体的压实特性、轴向应力对破碎岩体孔隙率和碎胀系数的影响。

3 采空区渗流实验研究

本章通过实验，得到了自由堆积体均质、非均质多孔介质粒径、渗流速度对渗透压力、渗透系数以及渗流状态的影响；并通过三维模型实验，分析了工作面阻力分布对工作面两端压差和采空区内渗透压力的影响规律。

3.1 实验模型

假定采空区内多孔介质符合条件：（1）空气为不可压缩流体；（2）破碎的煤或岩体自身无气体释放；（3）不考虑介质所受的应力；（4）渗流过程为等温过程。在该前提下，以 14 种不同粒径（1mm、2mm、3mm、4mm、5mm、6mm、7mm、8mm、12mm、16mm、20mm、25mm、28mm、35mm）的玻璃珠来代替煤矿采空区内不同粒径的遗煤或冒落碎裂的岩石，以空气为渗流流体介质，采用稳定渗流法进行由某单一粒径和多种粒径构成的堆积体多孔介质渗流特性的实验研究。实验用玻璃珠如图 3-1 所示。

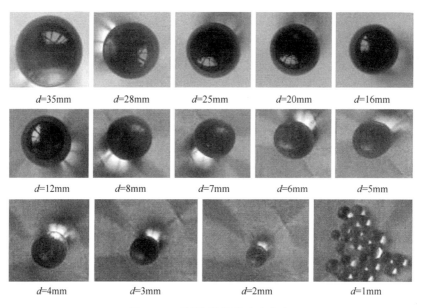

图 3-1 不同粒径的测试玻璃珠

单一粒径球体的堆积从最疏松到最紧密堆积分别有：立方堆积、单斜堆积、复斜堆积、角锥堆积和四面体堆积，如图 3-2 所示。

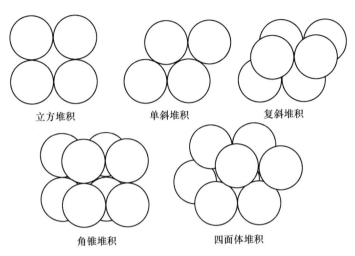

立方堆积　　　　单斜堆积　　　　复斜堆积

角锥堆积　　　　四面体堆积

图 3-2　经典的球形颗粒堆积模型

按照图 3-2 所示球形颗粒堆积体形成的多孔介质具有表 3-1 所示的空隙特性。

表 3-1　经典的球形颗粒堆积体的空隙特性

堆积方式	立方堆积	单斜堆积	复斜堆积	角锥堆积	四面体堆积
配位数	6	7	10	12	12
总体积	1	$\sqrt{3}/2$	3/4	$\sqrt{2}/2$	$\sqrt{2}/2$
孔隙体积	0.4764	0.3424	0.2264	0.1834	0.1834
孔隙率	0.4764	0.3954	0.3019	0.2595	0.2595
充填分数	0.5326	0.6046	0.6981	0.7405	0.7405

　　在实验过程中，首先只考虑仅对 14 种粒径玻璃珠单一组成的堆积体多孔介质单独进行实验，分析得出渗流速度、渗透压力以及渗透系数随着粒径增大的变化规律，以及每种粒径下多孔介质渗流偏离 Darcy 渗流雷诺数的范围，即线性渗流与非线性渗流对应的雷诺数；在单一粒径构成多孔介质的实验基础上，将 2mm、4mm、6mm、8mm、12mm、16mm、20mm 粒径的玻璃珠随机混合，并与 25mm 粒径进行组合，形成非均质堆积体多孔介质，进行相同参数的测试实验。

　　实验测试系统如图 3-3 所示，将玻璃珠紧密填充在一直径为 19cm 的透明树脂圆管中（见图 3-4），圆管中段为测试端，测试段长度 $L = 100cm$，两端用筛孔网固定玻璃珠，并连接两个长度为 30cm 的气体流动过渡段，利用法兰将两端的气流稳定管体与测试段进行紧密连接。空气动力源为 12.5L/8MPa 空气压缩机，空气通过减压阀和空气过滤器进入测试圆管中，在多孔介质的两端分别布置两个皮托管，连接微压计测试多孔介质段流体的压差，在测试系统的末端，设置一个浮子流量计，测定流过管道的空气流量。流量计的最大量程为 2.5m³/h，微压计最大量程为 4000Pa。

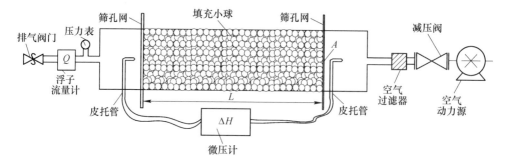

图 3-3　一维多孔介质渗流测试系统

图 3-4　填充后测试段

测试步骤：

（1）将测试用玻璃珠紧密填充至测试段圆管。

（2）将测试设备组装成图 3-3 所示的测试系统，并检查气密性。

（3）气密性良好后，将空气压缩机储气压力调节至 0.8MPa，打开末端排气阀门，再调节减压阀使得通过测试管内的流量稳定在某一值（Q_{i-j} 表示第 i 种粒径第 j 次测量的通过流量），读取微压计的压差值（ΔH）。

（4）同一组实验进行三次测试，记录测试数据。

（5）更换测试用玻璃珠，循环步骤（1）~（3），直到所有粒径测试完毕。

（6）汇总、整理测试数据，进行数据分析。

3.2　一维均质多孔介质渗流实验

3.2.1　粒径、渗流速度对渗透压力的影响

粒径为 1~35mm 单独构成的自由堆积体多孔介质其测试的前 35 组数据（从大到小）见表 3-2~表 3-4。将各种粒径测试的压力梯度和对应渗流速度（比流量）绘制成散点数据图并进行回归拟合，如图 3-5~图 3-8 所示。

表 3-2 粒径为 1~6mm 时的测试数据

序号	1mm 比流量/cm·s⁻¹	1mm 压力梯度/Pa·cm⁻¹	2mm 比流量/cm·s⁻¹	2mm 压力梯度/Pa·cm⁻¹	3mm 比流量/cm·s⁻¹	3mm 压力梯度/Pa·cm⁻¹	4mm 比流量/cm·s⁻¹	4mm 压力梯度/Pa·cm⁻¹	5mm 比流量/cm·s⁻¹	5mm 压力梯度/Pa·cm⁻¹	6mm 比流量/cm·s⁻¹	6mm 压力梯度/Pa·cm⁻¹
1	36.918	18.801	33.096	5.067	217.614	40.513	269.510	35.006	269.631	27.423	184.791	11.683
2	35.380	18.156	31.772	4.857	206.069	37.266	269.510	35.257	259.916	25.730	173.541	10.419
3	33.841	17.418	30.448	4.648	193.969	34.921	258.814	33.459	249.976	24.256	161.934	9.265
4	32.303	16.943	29.124	4.444	181.799	32.007	258.814	34.022	239.813	22.984	150.181	8.493
5	30.765	15.986	27.800	4.267	169.599	28.637	247.954	31.627	229.431	21.728	138.331	7.500
6	29.227	15.548	26.476	4.096	157.245	25.704	247.954	32.277	218.831	19.914	126.169	6.715
7	27.688	14.756	25.153	3.898	144.683	22.901	236.930	29.212	208.020	18.486	114.065	5.583
8	26.150	14.077	23.829	3.726	131.946	20.642	236.930	29.946	197.002	17.270	101.746	4.744
9	24.612	13.387	22.505	3.552	119.143	17.795	225.738	27.360	185.782	16.023	89.271	4.045
10	23.074	12.519	21.181	3.343	106.281	14.992	225.738	27.278	174.369	14.525	76.746	3.202
11	21.535	11.901	19.857	3.145	93.235	12.668	214.379	25.419	162.768	12.744	70.631	1.151
12	19.997	11.076	18.534	2.928	80.099	10.447	214.379	25.483	150.990	11.519	64.294	1.013
13	18.459	10.308	17.210	2.712	73.544	4.320	202.852	23.729	139.044	10.394	64.074	2.572
14	16.921	9.592	15.886	2.533	66.939	3.854	202.852	23.858	126.939	9.119	57.907	0.936
15	15.382	8.666	14.562	2.321	66.855	8.659	191.159	21.914	114.687	7.801	51.494	0.856
16	15.382	8.701	13.238	2.099	60.285	3.578	191.159	22.697	102.300	6.487	51.364	2.030
17	14.767	8.417	13.238	2.125	53.626	3.269	179.302	19.968	89.791	5.442	45.089	0.793
18	14.152	8.152	12.709	2.034	53.577	7.010	179.302	19.957	77.174	4.453	38.655	0.731

续表3-2

序号	1mm		2mm		3mm		4mm		5mm		6mm	
	比流量/cm·s⁻¹	压力梯度/Pa·cm⁻¹	比流量/cm·s⁻¹	压力梯度/Pa·cm⁻¹	比流量/cm·s⁻¹	压力梯度/Pa·cm⁻¹	比流量/cm·s⁻¹	压力梯度/Pa·cm⁻¹	比流量/cm·s⁻¹	压力梯度/Pa·cm⁻¹	比流量/cm·s⁻¹	压力梯度/Pa·cm⁻¹
19	13.844	7.804	12.179	1.968	46.950	3.029	167.283	17.934	70.953	1.648	38.573	1.665
20	13.537	7.794	11.914	1.881	40.256	2.840	167.283	18.117	64.586	1.472	35.448	0.668
21	12.921	7.478	11.650	1.888	40.212	5.994	155.108	15.901	64.461	3.629	32.244	0.575
22	12.306	6.894	11.120	1.804	36.916	2.620	155.108	17.002	58.175	1.349	31.441	0.588
23	11.998	6.900	10.591	1.657	33.579	2.286	142.781	14.179	51.745	1.250	30.243	0.557
24	11.383	6.547	10.591	1.718	32.289	2.253	142.781	14.584	51.668	2.892	29.037	0.529
25	10.768	6.053	10.061	1.606	31.091	2.359	130.308	12.712	45.299	1.146	29.037	0.462
26	10.768	6.227	9.532	1.516	30.239	1.900	130.308	12.861	38.847	1.064	27.830	0.498
27	10.152	5.897	9.267	1.447	29.878	2.254	117.699	10.793	38.810	2.354	26.617	0.472
28	9.537	5.508	9.002	1.438	28.632	2.151	117.699	10.953	35.624	0.969	25.819	0.382
29	9.229	5.180	8.472	1.359	27.424	2.043	104.962	9.134	32.404	0.842	25.392	0.444
30	8.922	5.141	7.943	1.236	26.892	1.589	104.962	9.051	31.611	0.902	24.163	0.418
31	8.307	4.812	7.943	1.275	26.179	1.946	92.108	7.593	30.401	0.863	22.595	0.316
32	7.691	4.291	7.413	1.175	24.930	1.837	92.108	7.689	29.198	0.824	21.682	0.366
33	7.691	4.471	6.884	1.106	23.677	1.724	79.148	6.285	29.188	0.685	20.434	0.339
34	7.076	4.096	6.619	1.022	23.537	1.358	79.148	6.326	27.982	0.778	19.374	0.258
35	6.461	3.794	6.354	1.012	22.406	1.634	72.673	2.432	26.756	0.735	19.185	0.314

表3-3 粒径为 7～25mm 时的测试数据

序号	7mm 比流量/cm·s^{-1}	7mm 压力梯度/Pa·cm^{-1}	8mm 比流量/cm·s^{-1}	8mm 压力梯度/Pa·cm^{-1}	12mm 比流量/cm·s^{-1}	12mm 压力梯度/Pa·cm^{-1}	16mm 比流量/cm·s^{-1}	16mm 压力梯度/Pa·cm^{-1}	20mm 比流量/cm·s^{-1}	20mm 压力梯度/Pa·cm^{-1}	25mm 比流量/cm·s^{-1}	25mm 压力梯度/Pa·cm^{-1}
1	296.6181	13.65	27.4673	0.4263	28.4414	0.206	27.861	0.1	27.861	0.061	27.3038	0.0276
2	285.8612	13.35	26.8133	0.42	27.3038	0.1934	26.7466	0.0947	26.7466	0.0608	26.2116	0.0247
3	274.9295	13	26.1593	0.3989	26.1661	0.1832	25.6321	0.0878	25.6321	0.0538	25.1195	0.0241
4	263.8256	12.54	25.5053	0.3919	25.0285	0.1716	24.5177	0.0845	24.5177	0.0515	24.0273	0.0234
5	252.5526	11.71	24.8513	0.3799	23.8908	0.1623	23.4032	0.0815	23.4032	0.0487	22.9352	0.024
6	241.2273	10.1	23.5434	0.3538	22.7532	0.1537	22.2888	0.074	22.2888	0.045	21.843	0.0248
7	229.3771	9.6	22.8894	0.3424	21.6155	0.1474	21.1744	0.07	21.1744	0.0443	19.6587	0.0217
8	217.7035	8.91	22.2354	0.326	20.4778	0.1379	20.0599	0.0648	20.0599	0.0426	18.5666	0.0217
9	205.6414	8.32	20.9275	0.3066	19.3402	0.1286	18.9455	0.0598	18.9455	0.0394	17.4744	0.0174
10	193.4677	7.73	19.6195	0.2828	18.2025	0.1206	17.831	0.0553	17.831	0.036	16.3823	0.0166
11	181.6078	6.73	18.9655	0.2695	17.0649	0.1096	16.7166	0.0509	16.7166	0.0331	15.2901	0.0137
12	169.1006	6.28	18.3115	0.262	15.9272	0.098	15.6022	0.0459	15.6022	0.0308	14.198	0.0124
13	156.7432	5.5	17.6575	0.2483	14.7895	0.0926	14.4877	0.0423	14.4877	0.0278	13.1058	0.011
14	144.103	4.9	17.0036	0.2395	13.6519	0.0824	13.3733	0.0384	13.3733	0.0255	10.9215	9.18×10^{-3}
15	131.371	4.41	16.3496	0.2287	12.5142	0.0765	12.2588	0.034	12.2588	0.0227	10.9215	9.06×10^{-3}
16	118.6522	3.68	15.6956	0.2185	11.3766	0.0645	11.1444	0.0295	11.1444	0.0195	10.4847	8.46×10^{-3}
17	105.8293	3	14.3876	0.1963	11.3766	0.066	11.1444	0.0303	11.1444	0.0196	10.157	8.05×10^{-3}
18	92.7995	2.47	13.0797	0.1698	10.9215	0.0635	10.6986	0.0289	10.6986	0.0188	9.8294	7.87×10^{-3}

续表 3-3

序号	7mm 比流量 /cm·s⁻¹	7mm 压力梯度 /Pa·cm⁻¹	8mm 比流量 /cm·s⁻¹	8mm 压力梯度 /Pa·cm⁻¹	12mm 比流量 /cm·s⁻¹	12mm 压力梯度 /Pa·cm⁻¹	16mm 比流量 /cm·s⁻¹	16mm 压力梯度 /Pa·cm⁻¹	20mm 比流量 /cm·s⁻¹	20mm 压力梯度 /Pa·cm⁻¹	25mm 比流量 /cm·s⁻¹	25mm 压力梯度 /Pa·cm⁻¹
19	79.7026	1.97	13.0797	0.1762	10.4665	0.0615	10.2528	0.0275	10.2528	0.018	9.6109	7.56×10^{-3}
20	66.553	1.53	12.5565	0.1679	10.2389	0.0596	10.03	0.0266	10.03	0.0176	9.1741	7.06×10^{-3}
21	66.3358	0.646	12.0333	0.1633	10.0114	0.0587	9.8071	0.0258	9.8071	0.0174	8.7372	6.82×10^{-3}
22	59.7604	0.594	11.7717	0.1504	9.5563	0.0553	9.3613	0.0238	9.3613	0.0164	8.7372	6.73×10^{-3}
23	53.3041	1.26	11.5101	0.1578	9.1013	0.0511	8.9155	0.0208	8.9155	0.0147	8.3004	6.37×10^{-3}
24	53.1808	0.538	10.9869	0.1493	9.1013	0.0522	8.6926	0.0224	8.9155	0.0154	7.8635	5.99×10^{-3}
25	46.5711	0.493	10.4637	0.133	8.6462	0.048	8.2469	0.0204	8.4697	0.014	7.6451	5.67×10^{-3}
26	40.0187	0.99	10.4637	0.1391	8.1911	0.0452	7.8011	0.0175	8.024	0.0131	7.4266	5.53×10^{-3}
27	39.9474	0.453	9.9405	0.128	7.9636	0.0442	7.8011	0.0196	7.8011	0.0127	7.2082	5.07×10^{-3}
28	36.6394	0.408	9.4174	0.1216	7.7361	0.0425	7.3553	0.0183	7.5782	0.0125	6.5529	4.59×10^{-3}
29	33.3385	0.35	9.1558	0.1138	7.281	0.0396	6.9095	0.0166	7.1324	0.0115	6.5529	5.00×10^{-3}
30	30.0342	0.277	8.8942	0.1133	6.8259	0.0348	6.6866	0.0138	6.6866	0.0105	6.3345	4.54×10^{-3}
31	26.7168	0.224	8.371	0.1045	6.8259	0.0363	6.4638	0.0153	6.6866	0.0104	5.8976	4.19×10^{-3}
32	23.3877	0.184	7.8478	0.0949	6.3709	0.0333	6.018	0.0138	6.2409	9.68×10^{-3}	5.4608	3.76×10^{-3}
33	21.8238	0.2479	7.8478	0.0966	5.9158	0.0312	5.5722	0.0114	5.7951	8.86×10^{-3}	5.4608	3.83×10^{-3}
34	20.6289	0.2409	7.3246	0.0906	5.6883	0.0307	5.3493	0.0124	5.5722	8.40×10^{-3}	5.0239	3.55×10^{-3}
35	20.0532	0.148	7.1938	0.0853	5.4608	0.0292	4.9035	0.0111	5.3493	8.03×10^{-3}	4.587	3.11×10^{-3}

表 3-4 粒径为 28mm、35mm 时的测试数据

序号	28mm 比流量/cm·s⁻¹	28mm 压力梯度/Pa·cm⁻¹	35mm 比流量/cm·s⁻¹	35mm 压力梯度/Pa·cm⁻¹
1	26.0036	0.0193	26.0036	1.55×10^{-3}
2	24.9635	0.0203	24.9635	2.13×10^{-3}
3	23.9233	0.0186	23.9233	1.27×10^{-3}
4	22.8832	0.0173	22.8832	1.48×10^{-3}
5	21.843	0.0142	21.843	1.32×10^{-3}
6	20.8029	0.0158	20.8029	2.26×10^{-3}
7	19.7627	0.0152	19.7627	2.41×10^{-3}
8	18.7226	0.0141	18.7226	1.37×10^{-3}
9	17.6825	0.0132	17.6825	2.81×10^{-3}
10	16.6423	0.0124	16.6423	1.80×10^{-3}
11	15.6022	0.0115	15.6022	1.82×10^{-3}
12	14.562	0.0106	14.562	2.08×10^{-3}
13	13.5219	9.94×10^{-3}	13.5219	2.10×10^{-3}
14	12.4817	8.93×10^{-3}	12.4817	2.24×10^{-3}
15	11.4416	7.85×10^{-3}	11.4416	1.55×10^{-3}
16	10.4014	7.04×10^{-3}	10.4014	1.39×10^{-3}
17	10.4014	6.25×10^{-3}	10.4014	1.24×10^{-3}
18	9.9854	5.98×10^{-3}	9.9854	1.41×10^{-3}
19	9.5693	6.06×10^{-3}	9.5693	1.39×10^{-3}
20	9.3613	6.08×10^{-3}	9.3613	1.26×10^{-3}
21	9.1533	5.65×10^{-3}	9.1533	1.39×10^{-3}
22	8.7372	5.53×10^{-3}	8.7372	1.37×10^{-3}
23	8.3212	5.41×10^{-3}	8.3212	1.26×10^{-3}
24	8.3212	5.12×10^{-3}	8.3212	1.20×10^{-3}
25	7.9051	4.73×10^{-3}	7.9051	1.12×10^{-3}
26	7.489	4.59×10^{-3}	7.489	1.08×10^{-3}
27	7.281	4.47×10^{-3}	7.281	1.00×10^{-3}
28	7.073	4.30×10^{-3}	7.073	9.90×10^{-4}
29	6.6569	3.92×10^{-3}	6.6569	9.50×10^{-4}
30	6.2409	3.89×10^{-3}	6.2409	6.40×10^{-4}
31	6.2409	3.41×10^{-3}	6.2409	8.80×10^{-4}
32	5.8248	3.14×10^{-3}	5.8248	8.10×10^{-4}
33	5.4087	2.96×10^{-3}	5.6168	6.90×10^{-4}
34	5.2007	3.01×10^{-3}	9.5693	1.39×10^{-3}
35	4.9927	2.73×10^{-3}	9.3613	1.26×10^{-3}

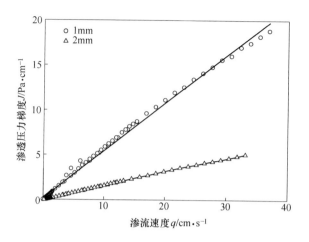

图 3-5　$d = 1\text{mm}$、2mm 时渗流速度与压力梯度的关系

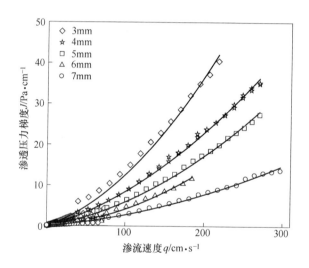

图 3-6　$d = 3\text{mm}$、4mm、5mm、6mm、7mm 时渗流速度与压力梯度的关系

　　从图 3-5 ~ 图 3-8 可以看出：不同粒径单一组成的多孔介质自由堆积空间，在渗流的起始阶段都遵循 Darcy 定律，随着渗流速度（比流量）的逐渐增加，渗流状态由以黏性力为主的线性渗流向以惯性力为主的非线性渗流转变，但不同粒径构成的多孔介质其渗流状态转变的渗流速度（比流量）不同。测试结果显示：随着组成多孔介质粒径的增加，渗流状态由以黏性力为主的线性渗流向以惯性力为主的非线性转变的渗流速度（比流量）减小。当组成多孔介质的粒径为 35mm、渗流速度（比流量）大于 15cm/s 时，测试数据离散程度加剧，表明渗流

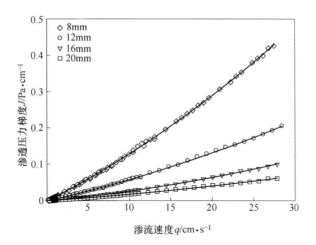

图 3-7 $d = 8mm$、12mm、16mm、20mm 时渗流速度与压力梯度的关系

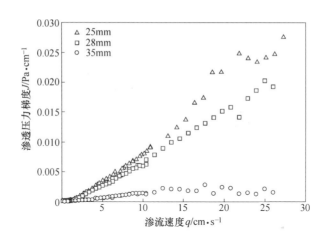

图 3-8 $d = 25mm$、28mm、35mm 时渗流速度与压力梯度的关系

状态已由有规律的非线性渗流向紊流发生了转变。

在仪器测试范围内，粒径为 1mm、2mm 时，渗流符合 Darcy 定律（图 3-5）；当粒径大于等于 3mm 时，出现明显的非线性渗流现象（图 3-6），但当粒径大于等于 8mm 时，由于渗流状态转变的渗流速度（比流量）减小，在仪器测试的量程内，测试数据表明的非线性渗流规律不明显（图 3-7）；当粒径大于等于 25mm、渗流速度大于 20cm/s 时，渗流状态逐渐由非线性渗流转变为紊流（图 3-8）。对 3～28mm 测试数据按照二次项渗流规律进行曲线拟合，即：$J = aq + bq^2$，其拟合曲线函数表达式见表 3-5。

表 3-5　比流量-压力梯度曲线拟合方程

粒径/mm	回　归　方　程	相关系数（R）
3	$J = 0.0892q + 0.0005q^2$	0.998
4	$J = 0.0483q + 0.0004q^2$	0.998
5	$J = 0.0368q + 0.0003q^2$	0.995
6	$J = 0.0181q + 0.0002q^2$	0.997
7	$J = 0.0049q + 0.0001q^2$	0.998
8	$J = 0.0113q + 0.0002q^2$	0.999
12	$J = 0.0051q + 0.0001q^2$	0.999
16	$J = 0.02285q + 0.000048q^2$	0.999
20	$J = 0.00137q + 0.00003q^2$	0.998
25	$J = 0.000635q + 0.000015q^2$	0.995
28	$J = 0.000518q + 0.000013q^2$	0.996

　　由表 3-5 可见，各粒径测试的压力梯度与渗流速度（比流量）的相关系数都在 0.99 以上，说明两者具有很好的相关性。从图 3-5～图 3-8 可以得出：随着渗流速度的加快，渗透压力梯度增高；在相同渗流速度变化范围内，小粒径构成的多孔介质渗透压力梯度比大粒径构成的多孔介质渗透压力梯度增加速率大。组成多孔介质的颗粒粒径不同，在相同的渗流速度下，其渗透压差也会随之变化。实验分别对粒径从 1mm 增加到 35mm 在 5cm/s、10cm/s、15cm/s、20cm/s、25cm/s、30cm/s 和 35cm/s 渗流速度下的压力梯度进行测试，测试数据见表 3-6。绘制各渗流速度下渗透压力梯度的对数随粒径的变化曲线，如图 3-9 所示。

表 3-6　各渗流速度下不同粒径的渗透压力梯度

$J/\text{Pa} \cdot \text{cm}^{-1}$ ＼ d/mm	渗流速度 $q/\text{cm} \cdot \text{s}^{-1}$						
	5	10	15	20	25	30	35
1	2.961	5.897	8.701	11.531	13.879	15.986	18.156
2	0.838	1.606	2.533	3.243	3.898	4.648	5.976
3	0.335	0.687	1.088	1.472	1.837	1.9	2.436
4	0.192	0.393	0.571	0.597	1.036	1.103	1.327

续表3-6

J/Pa·cm⁻¹ d/mm	渗流速度 q/cm·s⁻¹						
	5	10	15	20	25	30	35
5	0.126	0.268	0.382	0.529	0.649	0.863	0.969
6	0.079	0.174	0.237	0.339	0.434	0.607	0.768
7	0.048	0.091	0.169	0.241	0.254	0.277	0.378
8	0.053	0.087	0.136	0.225	0.246	0.269	0.353
12	0.026	0.058	0.092	0.135	0.172	0.213	0.296
16	0.011	0.026	0.045	0.065	0.088	0.137	0.185
20	0.0073	0.0165	0.0278	0.0397	0.0588	0.0976	0.1032
25	0.0036	0.0081	0.0117	0.0177	0.0251	0.0657	0.0976
28	0.0025	0.0058	0.0115	0.0168	0.0203	0.0376	0.0694
35	0.0006	0.0009	0.001	0.0014	0.0021	0.0051	0.0073

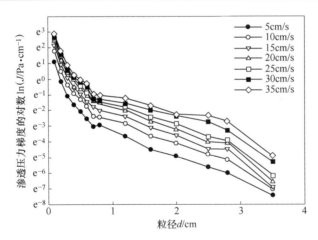

图3-9 各渗流速度下不同粒径的渗透压力梯度的对数

从表3-6和图3-9中可以看出：在相同的渗流速度下，堆积体多孔介质渗透压力梯度随着粒径的增加而减小，且这种梯度下降率也逐渐变小；当粒径增加到7mm后，随着粒径的继续增加，不同的渗流速度下渗透压力梯度变化趋向稳定。这种变化关系可表示为：

$$J = e^{J_0 + ae^{-bd}} \tag{3-1}$$

式中　　a，b——拟合系数；

　　　　d——堆积体多孔介质骨架颗粒粒径，cm；

　　　　J_0——起始渗透压力梯度，Pa/cm。

本次实验中，$J_0 = 0.04$Pa/cm，$a = 10$，$b = -12.29$，相关系数 $R = 0.99$。

3.2.2　粒径对渗透系数的影响

多孔介质的渗透系数是指单位压力梯度下，单位时间内通过单位面积的流体流量，量纲为 LT^{-1}。它是衡量多孔介质输运流体能力的标量，与流体及固件的性质有关。相应的流体性质为密度、黏度、运动黏度；相应的骨架性质主要为粒径分布、颗粒形状、比表面、弯曲率及孔隙率。在水文地质中，渗透系数也称为水力传导系数。

在各向异性介质中，渗透系数以张量形式表示。在各向同性介质中，渗透系数定义为单位压力梯度下的单位流量，表示流体通过孔隙骨架的难易程度，表达式为：

$$K = k\rho g / \nu \qquad (3-2)$$

式中　　K——渗透系数；

　　　　k——孔隙介质的渗透率，它只与固体骨架的性质有关；

　　　　ν——动力粘滞性系数；

　　　　ρ——流体密度；

　　　　g——重力加速度。

从式（3-2）可看出，对相同流体下测试的多孔介质的渗透系数只与组成多孔介质的渗透率 k 相关，而据 Blake-Kozny 渗透率与孔隙率的关系表达式 $(k = d_m^2 \cdot \varphi^3 / [150(1 - \varphi)^2])$ 可知渗透率是关于孔隙率和粒径大小的函数，因此，该条件下多孔介质的渗透系数决定于其骨架的孔隙率。对于标准球体，孔隙率与其堆积的方式有关，在某一堆积形式下，孔隙率为一定值（图 3-2、表 3-1）。

截取各粒径测试过程中遵循 Darcy 定律的数据，根据 Darcy 定律，不同粒径单一组成的堆积体多孔介质渗透系数 K 为：

$$K = \nu / J \qquad (3-3)$$

式中　　ν——孔隙介质中的渗流速度，cm/s；

　　　　J——渗流压力梯度，Pa/cm。

根据测试数据，在相同的渗流速度下，多孔介质渗透系数随粒径变化关系如图 3-10 所示（实线为测试数据，点划线为数据拟合曲线）。从图中可以看出，相同渗流速度下，渗透系数随着粒径的增大而增大。在粒径从 1mm 增加到 8mm 阶段，多孔介质渗透系数增加平缓，粒径变化对渗透系数的影响程度较弱，这主要是由于该范围内粒径相差不大（1mm），且其排列方式大致相近；当粒径为8～25mm 时，随着粒径的增加，多孔介质的渗透系数增加迅速，该尺寸范围内的标准圆球构成的多孔介质其孔隙率不仅仅与堆积的方式有关，还与其粒径的大小相关，且随着粒径的增加，孔隙率变化较大；当粒径大于25mm 时，渗透系数变化开始趋向某一稳定值，因为大粒径圆球构成的堆积体多孔介质孔隙率与粒径无关，只与其堆积的方式有关，随着粒径的增加，其孔隙率变化趋于稳定。

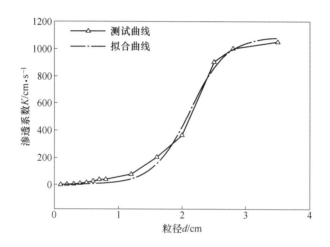

图 3-10　相同渗流速度下不同粒径的渗透系数

这种渗透系数随粒径的变化关系可表示为：

$$K = \frac{a}{1 + e^{-\frac{x - 2.12}{b}}} \qquad (3\text{-}4)$$

式中　a，b——实验拟合系数，本实验中，$a = 1087.16$，$b = 0.29$；

　　　　x——构成多孔介质"骨架"的粒径大小，cm。

根据式（3-2）对 1～35mm 粒径构成的多孔介质渗透系数进行计算，其结果与测试数据的比较如图 3-11 所示。从图中可以看出，测试值与计算值具有相同的变化趋势，且误差皆小于 5%，证明该测试方法与统计结果合理可靠。

3.2.3　粒径、渗流速度对渗流状态的影响

为分析不同粒径下流动由 Darcy 渗流转变为非 Darcy 渗流的变化规律，设渗透压力梯度为 $f(x) = J = aq + bq^2$，其中，a、b 为拟合系数，令

$$\psi(x) = \left| \frac{aq}{f(x)} \right| = \left| \frac{aq}{aq + bq^2} \right| \qquad (3\text{-}5)$$

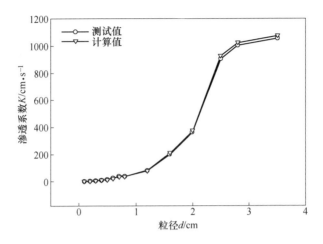

图 3-11　渗透系数随粒径变化的测试值与计算值

$$\omega(x) = \left| \frac{bq^2}{f(x)} \right| = \left| \frac{bq^2}{aq + bq^2} \right| \tag{3-6}$$

$\psi(x)$ 表示渗流过程中，黏性力对渗流流场的影响程度；$\omega(x)$ 表示渗流过程中，惯性力对渗流流场的影响程度。将 3~28mm 粒径的实验数据、拟合曲线函数按照式（3-5）、式（3-6）分别绘制 $\psi(x)$、$\omega(x)$ 随比流量的变化曲线，如图 3-12~图 3-22 所示。

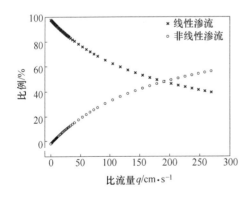

图 3-12　$d=3$mm 时的 $\psi(x)$、$\omega(x)$

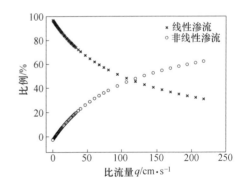

图 3-13　$d=4$mm 时的 $\psi(x)$、$\omega(x)$

从图 3-12~图 3-22 中可以看出，随着组成堆积体多孔介质粒径的增大，流动由线性渗流向非线性渗流转变的渗流速度（比流量）值逐渐变小，图中无交点显示值的，可令 $\varphi(x) = \omega(x)$ 求得流场由线性渗流转变为非线性渗流的比流量

值及对应的雷诺数 $Re = \dfrac{vd}{\nu}$。3～28mm 中 11 种粒径转换比流量区间或点值及对应的雷诺数见表3-7。

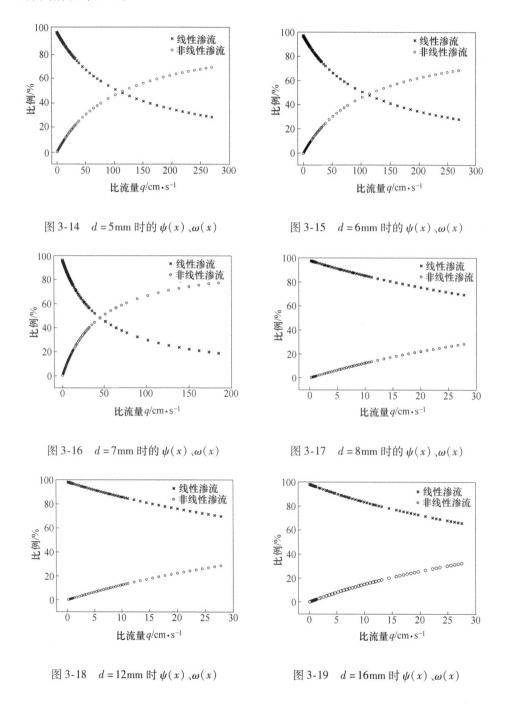

图 3-14　$d = 5\,\text{mm}$ 时的 $\psi(x)$、$\omega(x)$

图 3-15　$d = 6\,\text{mm}$ 时的 $\psi(x)$、$\omega(x)$

图 3-16　$d = 7\,\text{mm}$ 时的 $\psi(x)$、$\omega(x)$

图 3-17　$d = 8\,\text{mm}$ 时的 $\psi(x)$、$\omega(x)$

图 3-18　$d = 12\,\text{mm}$ 时 $\psi(x)$、$\omega(x)$

图 3-19　$d = 16\,\text{mm}$ 时 $\psi(x)$、$\omega(x)$

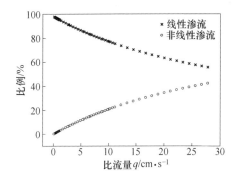

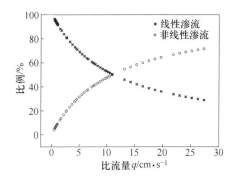

图 3-20　$d = 20\text{mm}$ 时的 $\psi(x)$、$\omega(x)$　　　　　图 3-21　$d = 25\text{mm}$ 时的 $\psi(x)$、$\omega(x)$

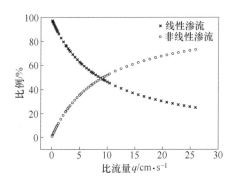

图 3-22　$d = 28\text{mm}$ 时的 $\psi(x)$、$\omega(x)$

表 3-7　不同粒径渗流状态转变的比流量区间/值

粒径/mm	转变比流量/cm·s^{-1}	雷诺数	粒径/mm	转变比流量/cm·s^{-1}	雷诺数
3	169 ~ 181	342.57 ~ 366.9	12	51	413.51
4	115 ~ 122	329.73 ~ 410.81	16	47.6	514.59
5	117 ~ 123	395.27 ~ 415.54	20	45.67	617.16
6	90 ~ 105	364.86 ~ 425.68	25	11 ~ 13	202.7
7	47 ~ 50	222.3 ~ 236.49	28	7 ~ 10	160.81
8	56.5	305.41			

　　随着粒径的增加,渗流状态发生转变的比流量值、雷诺数的变化关系如图 3-23所示。从表 3-7 和图 3-23 中可以看出,随着构成多孔介质颗粒粒径的增加,渗流状态逐步由以黏性力为主的线性渗流向以惯性力为主的非线性渗流转变,且

转变的渗流速度（比流量）区域也逐步减小；粒径增大到一定程度后，渗流状态转变的渗流速度（比流量）区域趋于稳定，即粒径的变化对渗流状态转变的影响减弱。粒径与渗流状态转变的渗流速度的关系可表示为：

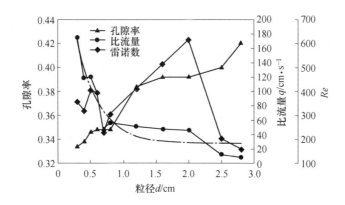

图 3-23　转变比流量、雷诺数随粒径变化的关系

$$v = v_0 + ae^{-bx} \tag{3-7}$$

式中　　v——渗流状态转变的渗流速度，cm/s；

　　　　v_0——渗流状态转变的最小渗流速度，cm/s；

　　a，b——拟合系数；

　　　　x——构成多孔介质"骨架"颗粒的粒径大小，cm。

　　本次实验中，$v_0 = 8\,\text{cm/s}$，$a = 345$，$b = 2.9$。煤矿井下采空区是由冒落岩块、遗煤构成的多孔介质空间，在研究采空区内渗流问题时，一般将其视为非均匀多孔介质。据现场实测及实验研究，采空区多孔介质构成颗粒的调和平均粒径为 0.014m[22]，将其和实验系数代入式（3-7）中，可得到采空区内的最低非线性渗流速度为 13.95cm/s。

3.3　一维非均质多孔介质渗流实验

　　煤矿井下采空区由冒落岩层块体和遗煤构成，在研究采空区内部某一局部的渗流问题时，为简化问题可将其视为均质多孔介质，但在研究整个采空区渗流问题时，简单地将其视为均质多孔介质，一般很难符合工程实际情况。在采空区深部，受上覆岩层重力的影响，冒落的岩石和遗煤逐渐被压实，而在工作面附近，由于煤壁支撑的影响，冒落的破碎岩块和遗煤构成了自由堆积体多孔介质。因此，采空区孔隙率为空间位置的函数，采空区为非均质多孔介质。

　　在假定条件下，将粒径为 2mm、4mm、6mm、8mm、12mm、16mm、20mm 的实验玻璃珠随机混合，如图 3-24 所示。

图 3-24　不同粒径玻璃珠混合

将混合体玻璃珠与 25mm 玻璃珠共同装填于测试模型中，如图 3-25 所示。

图 3-25　非均质多孔介质充填示意图

进行 4 组实验测试，且 4 组实验中的 25mm 玻璃珠质量分别占总质量的
80%、70%、60%、50%，测试完成后，对每组测试用的玻璃珠进行筛分，计
算 2mm、4mm、6mm、8mm、12mm、16mm、20mm 粒径的玻璃珠分别占总质
量的百分比，用以计算多孔介质的非均匀系数 C_u 和曲率系数 C_c，计算结果见
表 3-8。

表 3-8 中非均匀系数 C_u 由式（3-8）计算，曲率系数 C_c 由式（3-9）计算：

$$C_u = \frac{d_{60}}{d_{10}} \tag{3-8}$$

$$C_c = \frac{d_{30}^2}{d_{60} d_{10}} \tag{3-9}$$

式中　d_{10}，d_{30}，d_{60}——分别为颗粒级配曲线上小于某粒径含量分别为 10%、
　　　　　　　30% 和 60% 的粒径。

根据测试数据表 3-8，非均质多孔介质颗粒级配曲线如图 3-26 所示。由图
3-26 和表 3-8 可以看出，随着粒径为 25mm 的玻璃珠比例增加，非均质多孔介质
的非均匀系数 C_u 增加，表明其不均匀程度加强。

表 3-8 非均质多孔介质参数

实验组别	粒径/mm	含量/%	累计含量/%	非均匀系数 C_u	曲率系数 C_c
1	25	80	100	5.27	3.76
	20	1.66	20		
	16	1.35	18.34		
	12	1.85	16.99		
	8	2.36	15.14		
	6	6.42	12.78		
	4	3.31	6.36		
	2	3.05	3.05		
2	25	70	100	5.26	4.34
	20	3.26	30		
	16	3.05	26.74		
	12	2.02	23.69		
	8	4.26	21.67		
	6	8.35	17.41		
	4	5.85	9.06		
	2	3.21	3.21		
3	25	60	100	5.06	2.14
	20	7.66	40		
	16	5.06	32.34		
	12	4.38	27.28		
	8	5.07	22.9		
	6	9.25	17.83		
	4	4.05	8.58		
	2	4.53	4.53		
4	25	50	100	4.44	0.73
	20	8.44	50		
	16	6.33	41.56		
	12	4.34	35.23		
	8	9.75	30.89		
	6	11.06	21.14		
	4	6.54	10.08		
	2	3.54	3.54		

4组实验测试的渗流压力梯度和渗流速度（比流量）如图3-27（线性渗流阶段）和图3-28（非线性渗流阶段）所示。

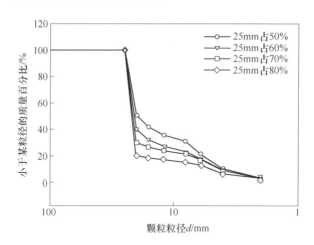

图 3-26　非均质多孔介质构成颗粒级配曲线

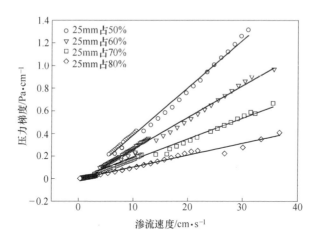

图 3-27　非均质多孔介质线性渗流阶段

从图中可以看出，非均质多孔介质粒径、渗流速度对渗透压力梯度的影响与均质多孔介质具有相同的变化规律，即：随着渗流速度的增加，渗透压力梯度增高；在相同渗流速度变化范围内，小粒径颗粒比例高的非均质多孔介质渗透压力梯度增加速率大于低比例的非均质多孔介质。在线性渗流阶段，根据达西定律，非均质多孔介质的渗透系数随着大粒径颗粒（25mm）比例的增加而增加，分别为23.81cm/s、35.71cm/s、54.64cm/s、94cm/s；在非线性渗流阶段，其渗流状

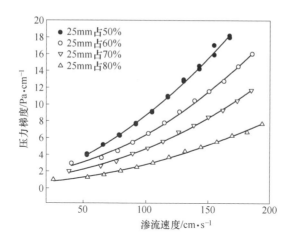

图3-28 非均质多孔介质非线性渗流阶段

态转变的渗流速度随着大粒径颗粒（25mm）比例的减小而增加，分别为 40.02cm/s、51.36cm/s、51.67cm/s、52.97cm/s。

对于采空区多孔介质而言，其非均质特性主要是由于采空区内冒落的煤岩体受到上覆岩层应力不同引起破碎煤岩体的二次破碎、压实程度不同而导致的。从实验结果分析可知，非均质多孔介质中的渗透系数、渗流状态转变的渗流速度值决定于构成多孔介质"骨架"的小颗粒含量，因此，采空区内渗透系数、风流的渗流状态主要取决于采空区内遗煤、冒落破碎的岩石颗粒的大小。

3.4 工作面阻力分布对采空区渗流影响的实验研究

3.4.1 U 型通风方式采空区渗流实验模型

回采工作面的通风方式一定程度上影响着采空区的漏风量及漏风途径，且工作面阻力分布也会直接影响到工作面向采空区的漏风量，从而间接地影响着采空区内部的渗透压差和渗流速度。根据常用的 U 型后退式开采工作面的特点，设计一个 U 型工作面采空区三维实验模型，模型内部有规律地设置一系列测点，填充某一粒径的颗粒介质来模拟采空区内的破碎煤、岩体，并通过测试工作面阻力分布不同时工作面两端的压差、采空区内部测点压力来分析采空区内渗流特性。

实验模型采用钢结构组成，侧板厚度为3mm，底板由厚度为5mm 的 3 块钢板拼接而成，在底板上按照图 3-29 所示的尺寸留有 77 个 ϕ20mm 的带丝扣的测点，工作面每隔一定距离设置一个阻力调节孔，每个测点通过带丝扣的多孔钢管与外部传感器进行连接，如图 3-30 所示；模型的外部，分别设置一连通大气的进风巷和连接风机的回风巷，整个模型通过 4 个钢结构支撑腿固定在水平地面上，模型制作完成后如图 3-31 所示。

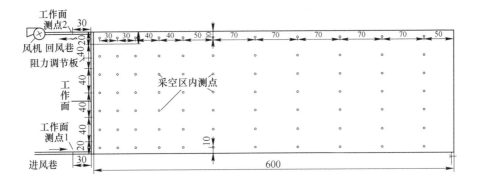

图 3-29　采空区实验模型参数（单位：cm）

图 3-30　采空区实验模型的检测孔装置

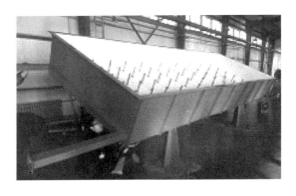

图 3-31　采空区实验模型示意图

3.4.2 实验数据测试

模型中填充介质选取直径为 5cm 的硬质泡沫球，充填高度为 35cm，充填顶部用 12mm 厚的钢化玻璃进行密封，采空区模型及测点如图 3-32 所示。

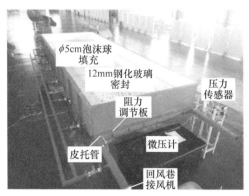

图 3-32 采空区实验模型及测点

本实验主要考察工作面阻力分布对工作面两端压差及采空区内部渗流的影响，压力及压差的测试仪器为微压计，工作面两端的压差通过直接测试在不同阻力分布下的压力差值来实现，采空区内部测点压力的变化通过微压计和连接胶管直接测试。将模型中工作面上的 6 个阻力调节位置从进风侧开始分别标号为 1～6 号阻力调节孔，其中 1 号、6 号阻力调节孔分别距离进风巷、回风巷为 20cm，2～5 号阻力调节孔均匀布置在 1 号、6 号孔之间。工作面两端压差采用两端布置的小型皮托管和微压差计测试，采空区内部测点负压由传感器进行测试。测试用微压计如图 3-33 所示。测试步骤如下：

（1）如图 3-33 所示，连接实验设备，检查模型内部的气密性。

（2）以靠近进风侧隅角的测点开始编号，沿工作面测试。

（3）测试工作面无附加阻力时各测点压力值（负压）。

（4）测试分别在工作面 1～6 号阻力调节孔增加阻力调节板时各测点压力值（负压）。

（5）记录数据，完成测试。

3.4.3 工作面阻力分布对其两端压差的影响

测试数据如图 3-34 所示。当工作面无附加阻力时（位置 1），其两端压差为 30.46Pa，随着在工作面 2～7 号阻力调节位置增加相同大小的阻力调节板，工作面两端压差出现先急速增加后减小的趋势；阻力调节板在 1 号孔时，工作面两端

图 3-33 测点压力测试设备

压差达到最大值 63.18Pa，为无附加阻力的 2 倍；阻力调节板在 3 号、4 号孔时，工作面两端压差接近无附加阻力时的值，分别为 33.21Pa、32.4Pa；当阻力调节板调节至靠近回风侧时（5 号、6 号调节孔），工作面两端压差又出现上升趋势，分别为 35.64Pa、37.62Pa。

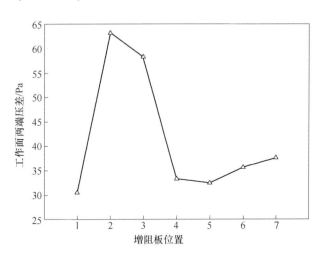

图 3-34 工作面两端压差随附加阻力位置的变化
1—无增阻；2~7—增阻分别位于 1~6 号增阻孔

由图中可以看出，在相同阻力调节设施附加至工作面时，不同的位置将会出现不同的影响效果。当附加阻力靠近工作面进风侧隅角时，工作面两端的压差达到最大值，为工作面无附加阻力时的 2.1 倍；当附加阻力靠近工作面进、回风侧隅角时，附加阻力对工作面两端压差的影响减小，其压差为无附加阻力时的 1.25

倍；当附加阻力处于工作面中部位置时，对工作面两端压差的影响最小，其压差仅为无附加阻力时的 1.07 倍。造成这种现象的原因是：当工作面阻力主要分布于工作面进风端、回风端时，由工作面漏向采空区的风量比工作面无附加阻力和工作面阻力主要分布在工作面中段时要大，将采空区内部视为一个复杂的通风网络系统，该系统与工作面形成了并联通风，而采空区内部的通风孔道的尺寸相比工作面要小得多，阻力大，由通风阻力定律可知，通过采空区内部的风量越大，工作面两端的风阻越大，因而造成了工作面阻力分布位置不同其两端压差不同的现象。

3.4.4 工作面阻力分布对采空区压力的影响

工作面阻力分布对采空区内部测点的影响，可通过测试采空区内部测点的压力随阻力调节位置的变化来分析。将测点分为 6 组，每组 7 个测点，第 1 组测点距工作面 10cm，第 2 组测点距工作面 40cm，第 3 组测点距工作面 70cm，第 4 组测点距工作面 110cm，第 5 组测点距工作面 150cm，第 6 组测点距工作面 200cm，如图 3-35 所示。

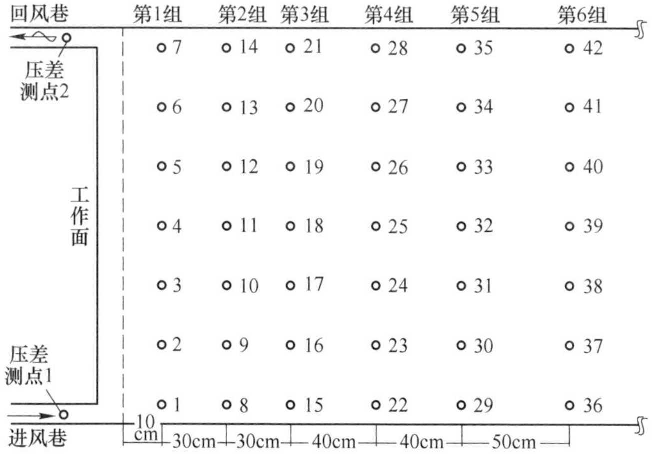

图 3-35　采空区内部测点分组图

每组测点测试数据见表 3-9 ~ 表 3-14，压力值随阻力位置的变化如图 3-36 ~ 图 3-41 所示。

表 3-9　采空区内第 1 组测点测试数据　　　　（Pa）

测点	1	2	3	4	5	6	7
无阻力	46.5	45.5	46.1	45.7	44.5	46.7	45.7

续表 3-9

测点	1	2	3	4	5	6	7
1 号增阻孔	96.7	97.3	96.9	97.5	97.7	98.3	99.1
2 号增阻孔	64.0	64.5	65.5	65.9	66.2	66.5	66.8
3 号增阻孔	51.3	50.2	50.0	51.7	50.6	52.3	52.4
4 号增阻孔	48.3	47.9	48.2	47.9	50.0	49.8	52.0
5 号增阻孔	46.3	46.7	45.5	47.3	46.7	47.5	48.2
6 号增阻孔	44.9	44.5	44.8	44.6	43.8	45.1	47.8

表 3-10   采空区内第 2 组测点测试数据   （Pa）

测点	8	9	10	11	12	13	14
无阻力	44.3	45.4	46.3	46.5	44.6	44.7	44.1
1 号增阻孔	99.2	97.7	97.3	97.1	96.3	96.3	95.8
2 号增阻孔	66.1	64.9	65.1	65.1	65.5	64.7	64.9
3 号增阻孔	51.5	49.8	49.6	51.4	50.2	49.4	49.8
4 号增阻孔	50.1	49.6	50.2	49.5	48.8	48.7	48.5
5 号增阻孔	46.4	46.1	45.6	44.8	46.5	44.5	44.8
6 号增阻孔	45.3	44.7	43.6	44.2	44.8	44.5	44.1

表 3-11   采空区内第 3 组测点测试数据   （Pa）

测点	15	16	17	18	19	20	21
无阻力	45.9	45.9	44.9	44.4	44.6	43.7	44.3
1 号增阻孔	96.1	96.3	96.4	96.9	97.1	97.1	97.7
2 号增阻孔	64.7	64.5	65.5	64.7	65.4	64.7	65.1
3 号增阻孔	50.2	49.6	50.0	49.3	49.5	51.3	50.8
4 号增阻孔	49.0	48.6	49.3	48.5	48.6	48.3	48.5
5 号增阻孔	44.6	45.6	45.1	44.8	45.8	44.9	45.3
6 号增阻孔	43.5	44.5	46.7	45.8	44.1	44.5	44.3

表 3-12　采空区内第 4 组测点测试数据　　　　　　（Pa）

测点	22	23	24	25	26	27	28
无阻力	44.3	44.1	44.6	45.2	45.5	45.1	45.7
1 号增阻孔	97.3	97.3	96.7	96.4	96.1	96.5	96.3
2 号增阻孔	64.9	65.1	65.3	65.1	64.9	65.3	63.8
3 号增阻孔	51.3	51.4	50.3	48.6	49.6	48.6	48.3
4 号增阻孔	47.8	49.3	47.9	47.3	49.0	49.1	47.3
5 号增阻孔	45.5	44.7	44.6	44.9	45.2	44.7	45.7
6 号增阻孔	43.9	44.5	44.6	44.4	43.8	43.6	43.6

表 3-13　采空区内第 5 组测点测试数据　　　　　　（Pa）

测点	29	30	31	32	33	34	35
无阻力	45.2	45.1	44.7	44.9	44.6	45.3	44.7
1 号增阻孔	96.7	96.9	97.4	96.9	97.3	97.7	96.1
2 号增阻孔	64.1	64.3	64.2	66.3	65.8	64.7	64.7
3 号增阻孔	50.2	48.6	48.8	48.4	48.4	48.7	49.1
4 号增阻孔	47.1	46.9	48.3	47.3	48.2	48.2	49.3
5 号增阻孔	45.7	44.6	44.8	44.5	43.9	45.0	45.1
6 号增阻孔	43.5	43.6	43.8	43.9	43.8	43.5	43.8

表 3-14　采空区内第 6 组测点测试数据　　　　　　（Pa）

测点	36	37	38	39	40	41	42
无阻力	44.6	44.6	45.0	44.4	44.1	44.4	45.7
1 号增阻孔	96.3	96.3	96.7	96.9	96.5	96.5	97.5
2 号增阻孔	65.1	66.9	66.6	65.5	64.9	65.3	65.5
3 号增阻孔	49.2	50.2	48.8	49.5	49.1	49.2	50.1
4 号增阻孔	47.2	46.7	47.5	48.2	46.9	46.7	47.1
5 号增阻孔	44.6	45.2	45.6	44.7	44.6	45.0	45.2
6 号增阻孔	43.9	44.6	45.4	45.2	43.6	44.1	44.5

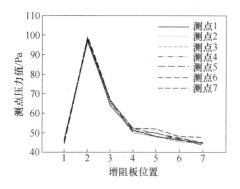

图 3-36　第 1 组测点压力变化

1—无增阻；2~7—增阻分别位于 1~6 号增阻孔

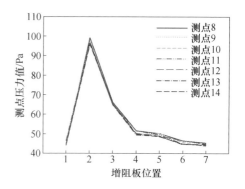

图 3-37　第 2 组测点压力变化

1—无增阻；2~7—增阻分别位于 1~6 号增阻孔

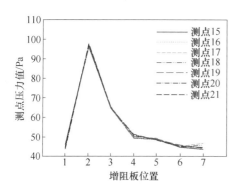

图 3-38　第 3 组测点压力变化

1—无增阻；2~7—增阻分别位于 1~6 号增阻孔

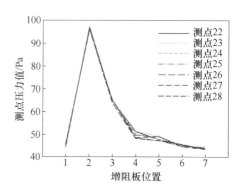

图 3-39　第 4 组测点压力变化

1—无增阻；2~7—增阻分别位于 1~6 号增阻孔

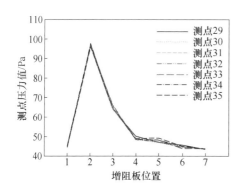

图 3-40　第 5 组测点压力变化

1—无增阻；2~7—增阻分别位于 1~6 号增阻孔

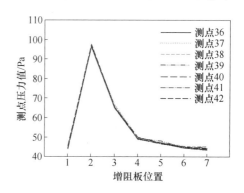

图 3-41　第 6 组测点压力变化

1—无增阻；2~7—增阻分别位于 1~6 号增阻孔

　　图 3-36~图 3-41 横坐标中位置 1 表示工作面无附加阻力时测点的压力值，位置 2~7 表示工作面附加阻力分别布置在 1~6 号阻力调节孔时测点的压力值。

从图中可以看出：

(1) 相同位置的工作面附加阻力对采空区内部各测点的压力影响趋势基本一致。

(2) 当工作面出现附加阻力后，采空区内部各测点压力均出现增大。

(3) 工作面附加阻力越靠近进风侧，采空区内部测点压力变化越大，随着工作面附加阻力与进风侧距离的增加，采空区内各点压力逐步减小。

(4) 当工作面附加阻力靠近回风侧时，采空区内各点通风负压均小于工作面无附加阻力时的压力。

3.5 本章小结

(1) 构成多孔介质的颗粒粒径、渗流速度对渗透压力梯度、渗透系数的影响在均质多孔介质和非均质多孔介质中具有相似的规律，即：随着渗流速度的增加，渗透压力梯度增高；在相同渗流速度变化范围内，小粒径的压力梯度比大粒径的增加速率大；渗透系数随着粒径的增大而增大。

(2) 随着构成多孔介质颗粒粒径的增大，渗流状态逐步由以黏性力为主的层流向以惯性力为主的紊流转变，且转变的比流量值/区间也逐步减小；粒径增大到一定程度后，渗流状态转变的比流量值/区间趋于稳定。

(3) 非均质多孔介质中，其渗透系数、渗流状态转变的渗流速度主要取决于小粒径颗粒所占的比例。

(4) 在相同阻力调节设施附加至工作面时，不同的位置将会出现不同的影响效果。当附加阻力靠近工作面进风侧时，工作面两端的压差达到最大值；当附加阻力靠近工作面进、回风侧时，附加阻力对工作面两端压差的影响相对减小；当附加阻力处于工作面中部位置时，附加阻力对工作面两端压差的影响最小。

(5) 在采空区内部为均匀多孔介质时，相同位置的工作面附加阻力对采空区内部各测点的压力影响趋势基本一致。当工作面出现附加阻力处于进风侧和中段时，采空区内部各测点压力均出现增大，越靠近进风侧，这种增大现象越明显；当工作面附加阻力靠近回风侧时，采空区内各点通风负压均小于工作面无附加阻力时的压力。

4 综放工作面采空区应力分布及渗流场域研究

煤矿采空区是由冒落的上覆岩层、回采后的遗煤填充的多孔介质空间，随着工作面的推进，采空区内的冒落煤岩体在上覆岩层自重作用下逐步得以重新压实，该现象在宏观上呈现出一定的周期性。根据压实程度的不同，即采空区应力分布的不同，可将采空区在走向上划分为"应力三区"，即重新压实区、应力恢复过渡区和煤壁支撑影响区；根据围岩体变形、断裂、垮落程度的不同，在铅直方向上将采空区划分成"竖三带"，即冒落带、裂隙带和弯曲下沉带。流体在采空区内的渗流状态同样受到这种区、带分布的影响，这种渗流状态的差异性主要是由于采空区内应力分布的不同导致采空区内孔隙率变化的差异性造成的。影响采场（包含采空区）应力重新分布的因素较多，主要有初始地应力（埋深）[115,116]、岩层的力学性能[117]、煤层开采厚度、工作面回采速度[118,119]等。对于单一煤层、中厚煤层的回采，上述因素对采空区应力分布的影响已有大量研究，对于厚及特厚煤层的开采，大多类似研究主要是针对分层开采时的采场应力分布特征进行研究，而对特厚煤层综放工作面在不同的采放比条件下的应力分布、采空区渗流场域研究尚少。在研究综放工作面采空区内渗流之前，有必要对工作面采场应力分布特征进行研究。

本章通过理论分析和数值模拟方法，研究不同采放比条件下综放工作面采空区应力分布特征、覆岩运移特征，提出了依据采空区在倾向和走向上的应力分布来确定采空区内渗流场域的大小，并用离散元程序 UDEC 对特厚煤层综放工作面在采放比为 1 : 1、1 : 2、1 : 3 时的采空区渗流场域进行了模拟，分析了特厚煤层综放工作面采空区渗流场域随采放比的变化规律。

4.1 工程实况

新疆某矿井位于新疆维吾尔自治区和布克赛尔蒙古自治县和什托洛盖镇西北约8km处，隶属伊犁哈萨克自治州塔城地区管辖；井田走向长2.5km，宽1.24km，面积3.1km²。全区主要可采煤层3层，分别为下侏罗统八道湾组上段的3号、4号、7号煤层，由下至上分述如下：

（1）3号煤层：全区穿层点17个，见煤点17个，见煤点中可采点17个，见煤点两极度0.97～4.46m，平均3.05m，煤层结构简单～复杂，夹矸厚度

0.2～0.69m，夹矸以炭质泥岩为主，次为泥岩。在9线浅部的9-1、9-2孔，因受沉积环境的影响，煤层厚度变薄，总体煤层自东向西有减薄趋势。煤层变异系数 $r = 32\%$ ，可采性指数为1，据其发育程度，该煤层应属全区可采的较稳定中厚煤层。

（2）4号煤层：全区穿层点18个，见煤点18个，见煤点中可采点18个，见煤点两极厚度18～23.4m，平均20m，该煤层自东向西有减薄趋势，煤层结构简单～较简单，夹矸厚度0.06～0.78m，夹矸以炭质泥岩为主，次为泥岩。煤层变异系数 $r = 33\%$ ，可采性指数为1，据其发育程度，该煤层应属全区可采的较稳定特厚煤层。

（3）7号煤层：全区穿层点17个，见煤点16个，沉缺点1个，见煤点中可采点15个，不可采点1个，两极厚度0～1.97m，平均1.61m。除9-2孔为不可采、9-1孔为沉缺外，其余煤层厚度变化不大。煤层结构简单～复杂，夹矸以泥岩为主。煤层变异系数 $r = 27\%$ ，可采性指数为0.9，据其发育程度，该煤层应属全区大部分可采的较稳定中厚煤层。

井田内可采煤层特征见表4-1。

表4-1 井田内可采煤层特征

煤层编号	全层厚/m 两极值平均值 /m（点数）	夹矸层数	煤层结构	稳定性	可采性	顶、底板及夹矸岩性	
						顶板	底板
3	0.97～4.46 3.05（15）	3～4	简单～复杂	较稳定	全区可采	粉砂岩、粗砂岩	粉砂岩、粗砂岩、细砂岩
4	18～23.4 20（26）	1～2	简单～较简单	较稳定	全区可采	粉砂岩、粗砂岩、砂砾岩、中砂岩、细砂岩	粉砂岩、粗砂岩
7	0～1.97 1.61（26）	0～1	简单～复杂	较稳定	全区可采	深灰～深灰色砂泥岩	深灰～深灰色砂泥岩

矿井主采煤层为4号煤层，煤层为近水平煤层，埋深300m，平均厚度为20m，顶板从下往上分别为：粉砂岩，2.3m；细砂岩，6.3m；粉砂岩，1.5m；页岩，0.8m；粉砂岩，2.7m；细砂岩，16.5m；粉砂岩，1.4m；泥岩，0.65m；粉砂岩，1.3m；细砂岩，30m。底板以细砂岩为主，平均厚度为35m。采煤方法为综采放顶煤，工作面沿走向布置，长度为1000m，倾向长度为150m，机械采煤高度为3m，工作面宽5m，工作面设计风量为1500m³/min。为预防采空区煤自燃、瓦斯等灾害事故，分别对工作面在采放比为1:1、1:2和1:3时的采空区渗流规律进行了研究。

根据 4 号煤层及各地层参数，利用数值模拟软件（UDEC，Universal Distinct Element Code）分别对采放比为 1：1、1：2、1：3 时进行建模分析回采后采空区内应力分布规律，结合第 2 章中渗流场域大小的初步确定理论，可得出采空区在采放比为 1：1、1：2、1：3 时的渗流场域。

4.2　采空区渗流场域分布的数值分析

4.2.1　几何与网格模型

在构建几何分析模型时，对所研究范围内地层的几何形状及力学特征做了一定的简化，同时，根据力学原理对主要研究对象的分布范围及受力条件等也进行了抽象简化与条件代替：

（1）本章是通过研究宏观尺度下工作面不同采放比条件下的采空区应力分布来确定采空区渗流场域分布的特征，尽管岩石是一种由空隙、裂隙以及不同节理构成的非均匀固体介质，但从宏观尺度来看，同类岩层是具有相对稳定、统一性质的，因此，本章中视同种岩层为各向同性的均匀介质，其内部节理按某一规律分布。

（2）回采工作面推进后，其上覆岩层的离层、弯曲下沉、断裂、冒落等过程在空间上是三维动态的，在时间上是连续变化的，本章在忽略工作面两顺槽的影响下，认为煤层顶板在工作面回采后的运移过程中，在走向上一定长度内为周期重复的，在倾向上是连续相同的。

（3）岩层的破坏过程是随时间变化的动态过程，本章研究的内容着重在岩层破坏后应力分布的结果上，因此不对岩层破坏的时间因素进行考虑。

（4）地层的破坏不仅受自身力学性质的影响，也受到上覆岩层直至地表所有岩层的影响，但在建模分析时，没必要包含所有的地层，本模型中将上部地层转换成模型顶部均布载荷，将工作面底板视为固定位移的刚体。

UDEC 是一款基于离散单元法理论的二维计算分析程序，而研究对象是一个三维问题，因此需要利用 UDEC 在走向上、倾向上分别建模，再综合计算结果和数据处理工具 SIGMAPLOT 进行绘图分析。走向、倾向模型尺寸为 250m×200m，如图 4-1 所示。

4.2.2　模型参数及边界条件

几何模型建立后，需进行参数赋值。未受到破坏的岩石是一种非弹性材料，其有一定的屈服强度，当作用于其上的载荷持续增加到其屈服强度并继续增加时，岩石将发生持续的塑性变形（屈服破坏），破坏后岩石由脆性材料变为弹塑性材料。一般弹塑性材料的剪贴滑动破坏机理符合 Drucker-Prager 准则或 Mohr-Coulomb 理论，本章模型采用 Mohr-Coulomb 屈服准则判定岩体的破坏，即：

$$f_s = \sigma_1 - \sigma_3 N_\phi + 2C\sqrt{N_\phi} \tag{4-1}$$

$$f_t = \sigma_3 - \sigma_t \tag{4-2}$$

$$N_\phi = (1 + \sin\phi)/(1 - \sin\phi)$$

式中 σ_1——最大主应力；

$\quad\quad \sigma_3$——最小主应力；

$\quad\quad C$——材料的黏结力；

$\quad\quad \phi$——内摩擦角；

$\quad\quad \sigma_t$——抗拉强度。

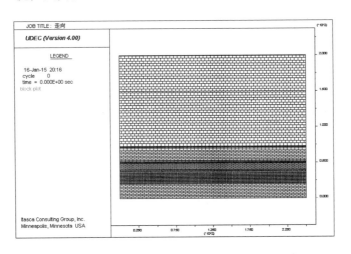

图 4-1 模型网格

当 $f_s = 0$ 时，材料将发生剪切破坏；当 $f_t = 0$ 时，材料将产生拉伸破坏。模型中岩石块体力学参数见表 4-2，接触面力学参数见表 4-3。

表 4-2 岩石块体力学参数

岩石	密度/kg·m⁻³	体积模量/GPa	剪切模量/GPa	抗拉强度/MPa	黏结力/MPa	内摩擦角/(°)
细砂岩	2873	21.41	13.47	1.29	3.2	42
煤层	1350	2.07	0.85	2.13	1.35	26
粉砂岩	2563	14.37	10.33	2.13	3.50	39
页岩	2630	5.1	3.3	2.6	2	33
泥岩	2510	0.46	1.45	0.75	1.2	32

表 4-3　接触面力学参数

岩石	法向刚度/GPa	切向刚度/GPa	抗拉强度/MPa	黏结力/MPa	内摩擦角/(°)
细砂岩	7	2	1	0.1	26
煤层	6	2	1	1	22
粉砂岩	7	1	0.5	0	30
页岩	5.1	3.3	2.6	0.1	33

在基础参数设置完毕的基础上，对模型采用应力-位移混合边界条件，设定模型的上边界为静载荷边界，载荷的大小为上覆地层的重力；模型下边界设置为固定位移边界；在走向上和倾向上，工作面前后/两侧各设置 50m 模拟半无限边界效应。

4.2.3　走向、倾向模型模拟方案

对于工作面走向上的模拟，工作面采放比分别为 1：1、1：2 和 1：3 时，模拟步骤为：

（1）模型初始应力平衡计算后，在建立的走向模型中，以每回采 5m 进行一次平衡计算，出现初次来压后，继续进行开挖，直至出现两个稳定周期来压。

（2）在最后两个周期来压的中心距离设置两条垂直观测线（pline 1 和 pline 2），按照观测线上在竖直方向上的位移进行"三带"高度分析。

（3）在裂隙带和弯曲下沉带的分界面高度（h_1）设置走向观测线（pline 3），按照走向观测上的应力分布进行"应力三区"分析。

（4）分别对采放比为 1：2、1：3 和 1：4 时的工作面进行回采模拟，每回采 5m 进行一次平衡计算，获取观测线上的数据，进行绘图分析。

走向模型中观测线（pline 1、pline 2 和 pline 3）设置如图 4-2 所示。

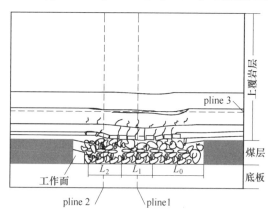

图 4-2　走向模型中观测线设置

对于工作面倾向上的模拟，工作面采放比分别为 1 : 1、1 : 2 和 1 : 3 时，模拟步骤为：

(1) 模型初始应力平衡计算后。

(2) 沿工作面倾向，均匀设置 5 条垂直观测线（pline 4 ~ pline 8），分析沿工作面倾向上采放比对覆岩位移的影响。

(3) 在裂隙带和弯曲下沉带的分界面高度（h_2）设置倾向观测线（pline 9），分析工作面不同采放比条件下倾向上应力的分布规律。

(4) 在建立的倾向模型中，采放比为 1 : 1、1 : 2 和 1 : 3 时都一次开挖整个工作面长度，并进行应力平衡计算，获取观测线上的数据，进行绘图分析。

倾向模型中观测线（pline 4 ~ pline 9）设置如图 4-3 所示。

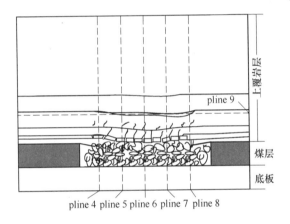

图 4-3　倾向模型中观测线设置

4.3 采空区走向渗流场域分布

4.3.1 采放比为 1 : 1 时走向渗流场域

采放比为 1 : 1 时，工作面回采 75m 时顶板出现大面积垮落，即初次来压步距为 75m；随着工作面的继续回采，在回采距离为 105m、135m 时均出现顶板大面积垮落，由此推断其周期来压步距为 30m。工作面回采 135m 后，上覆岩层变形、垮落情况如图 4-4 所示。

分别在回采的最后两个周期来压的中心距离设置竖直位移的观测线，如图 4-4 中的 $x = 80m$、$x = 110m$ 处，各水平地层在垂直方向上位移分布如图 4-5 所示。

从图 4-5 中可以看出，两个相邻来压周期内，在模型的相同高度上，后一个周期来压范围内上覆岩层垂直方向上的位移稍滞后于前一周期来压。从图中的位移分布来看，模型中 72m 以下上覆岩层垂直位移具有较弱的连续性，且高度为

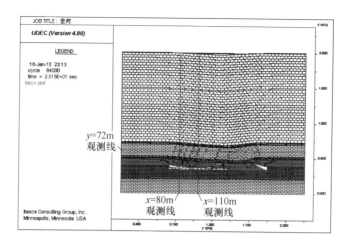

图4-4 采放比为1:1时工作面回采135m

40~68m(即煤层上方28m)范围内向下垂直位移量为6.8~8m,68~73m范围内岩层向下垂直位移为3.5~4m;模型高度72m以上岩层垂直向下位移连续性较强,且位移值为1~2m;煤层底板位移变化较小,接近于0。

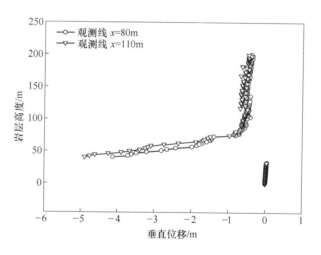

图4-5 采放比为1:1时 x =85m、x =110m观测线上岩层位移

根据关键层和多层复合薄板组合理论,当组合岩层中下层的弯曲挠度大于上层岩板的挠度时,便会在两岩层之间发生离层。从图4-5中分析可知,工作面在采放比为1:1时,煤层以上20m内的岩层位移较大且连续,该范围内岩层全部垮落于工作面回采后的采空区内,即垮落带高度为26m;由于采空区内垮落岩石的碎胀特性,使得上覆68~73m范围内岩层的垂直位移从下往上逐步减

小，该范围内的岩层发生弯曲、拉张断裂，且规则地排列于垮落带之上，即裂隙带，高度为38m；而模型中72m以上的岩层位移均小于其下部岩层，且保持连续性，即为弯曲下沉带。在弯曲下沉带与裂隙带的分界区域设置一条应力观测线，高度为$y = 72$m，如图4-4所示。绘制观测线上的应力分布，如图4-6所示。

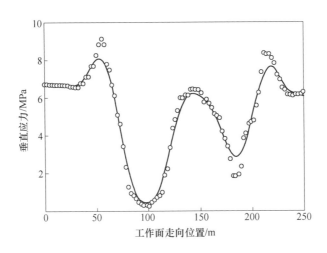

图 4-6 采放比为 1 : 1 时 $y = 73$m 观测线上应力分布

从裂隙带与弯曲下沉带分界面上的应力分布图可以看出，当采放比为 1 : 1、工作面推进135m（$x = 65$m）时，在工作面正前方8m处产生煤壁支承应力峰值，应力集中系数为1.71；在工作面后方，33m范围内为应力降低区域，最低值接近于0，100~150m范围内，应力逐步上升，在$x = 150$m处应力重新恢复接近原岩应力值；邻近工作面切眼处（$x = 200$m），出现应力下降（左侧）和应力集中区域（右侧）。因此，可分析得出：采放比为1 : 1时，工作面回采稳定后，采空区内分布的"应力三区"范围分别为33m（煤壁支承影响区）和50m（应力恢复过渡区）；过渡区往采空区深部为重新压实区域。

4.3.2 采放比为 1 : 2 时走向渗流场域

工作面采放比为 1 : 2、回采至45m时，出现初次来压，随着工作面继续回采，分别在工作面回采至65m、85m时出现周期来压，即工作面初次来压步距为45m，周期来压步距为20m。工作面回采105m后顶板垮落情况见图4-7。在图4-7中的$x = 115$m、$x = 135$m处设置上覆岩层垂直位移观测线，观测线上位移分布如图4-8所示。

从图4-8中可以看出，在采放比为1 : 2时，两相邻来压周期内，相同高度上上覆岩层的位移具有滞后性，即后一周期内上覆岩层的位移较之前一周期滞后

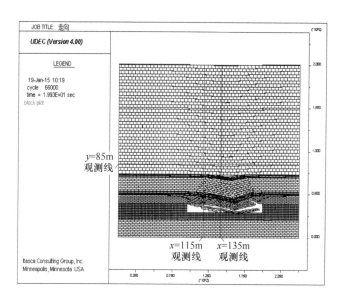

图 4-7　采放比为 1：2 时工作面回采 105m

1～1.5m；距煤层顶部 45m 处的岩层位移出现明显的不连续，即下位岩层的扰度大于上位岩层挠度，出现离层现象；距煤层顶部 26～30m 范围内的岩层位移较大，在岩石碎胀特性的影响下，随着高度的增加，破碎岩体位移值减小。由此可以得出：工作面采放比为 1：2 时，上覆岩层裂隙带高度为 50～55m。为分析采空区上覆岩层裂隙带在走向上的应力分布，在模型中 $y = 85$m 处设置走向应力观测线，见图 4-7，其走向应力分布如图 4-9 所示。

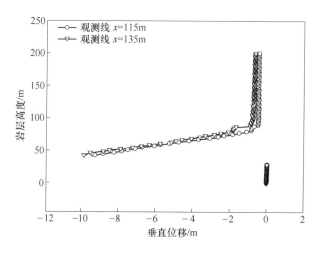

图 4-8　采放比为 1：2 时 $x = 115$m、$x = 135$m 观测线上上覆岩层位移

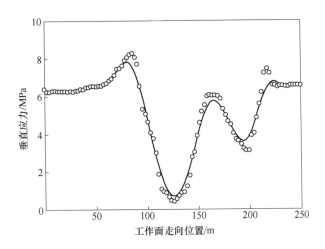

图 4-9 采放比为 1:2 时 $y = 85m$ 观测线上应力分布

图 4-9 中，工作面位于 $x = 95m$ 处，在工作面前方 15m 处出现了煤壁支承应力峰值，应力集中系数为 1.72；在工作面后方 24m 处，出现应力最小值；随着向采空区内部的延伸，采空区上覆岩层应力开始逐步增加，在 $x = 167m$ 处应力接近原岩应力；在靠近开切眼两侧，在煤壁支撑的影响下，出现了应力下降区域和应力峰值，但应力集中系数要小于工作面前方，为 1.31。由此分析可知：工作面采放比为 1:2 时，采空区内煤壁支承应力影响区为 24m，应力过渡区为 38m。

4.3.3 采放比为 1:3 时走向渗流场域

采放比为 1:3 时，工作面回采至 40m 时出现初次来压，顶板大面积垮落，随着工作面回采，每回采 15~20m 出现一次周期来压。工作面回采 130m 后，上覆岩层变形、垮落情况如图 4-10 所示。

在图 4-10 中的 $x = 107.5m$、$x = 122.5m$ 处设置上覆岩层垂直位移观测线，观测线上位移分布见图 4-11。

从图 4-11 中可以看出，当工作面采放比为 1:3 时，上覆岩层位移同工作面采放比为 1:1、1:2 时具有相似的变化规律：后一来压周期内的位移要滞后于前一周期；随着岩层高度增加，位移减小。在距煤层 58m 高度上，岩层位移出现不连续，即发生了离层现象。

在 $y = 98m$ 处设置一应力观测线，见图 4-10。该应力观测线上的应力分布如图 4-12 所示。图 4-12 中，工作面位于 $x = 70m$，在工作面前方 20m 左右出现煤壁支承应力峰值，应力集中系数为 1.32；工作面后方 15m 处出现应力最小值；在

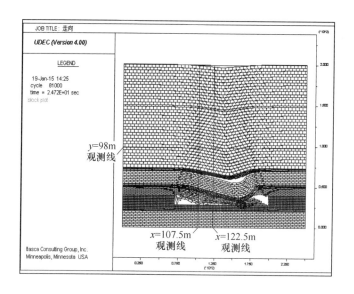

图 4-10   采放比为 1 : 3 时工作面回采 130m

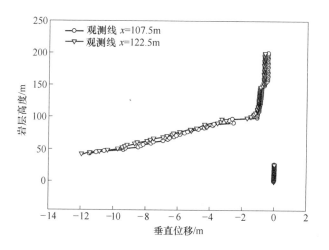

图 4-11   采放比为 1 : 3 时 $x = 107.5\text{m}$、$x = 122.5\text{m}$
观测线上上覆岩层位移

$x = 110\text{m}$ 处应力接近原岩应力；在开切眼两侧分别出现应力下降和集中现象。由此推断：工作面采放比为 1 : 3 时，煤壁支承应力影响区为 15m，应力恢复过渡区为 30m。

该矿井煤层顶板为中硬岩层，按照表 2-2 中的裂隙带最大高度经验公式，综放工作面采放比为 1 : 1、1 : 2、1 : 3 时的采空区裂隙带高度分别为

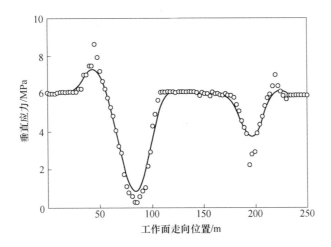

图 4-12 采放比为 1 : 3 时 $y = 98\text{m}$ 观测线上应力分布

39.85m、55.6m 和 68.23m，与数值模拟结果相近，其误差在工程应用可控制范围之内。

综合上述分析可知：在走向上，特厚煤层综放工作面随着采放比的增加，初次来压、周期来压距离均减小，裂隙带高度增加；采空区内煤壁支承影响区、应力恢复过渡区呈现减小趋势。结合 2.4 节，工作面采放比分别为 1 : 1、1 : 2 和 1 : 3 时，走向上采空区内渗流场域范围分别为 83m、62m 和 40m，如表 4-4 所示。

表 4-4 工作面不同采放比采空区走向参数

采 放 比	1 : 1	1 : 2	1 : 3
初次来压距离/m	75	45	40
周期来压步距/m	30	20	15
工作面应力峰值距离/m	8	15	20
应力集中系数	1.71	1.72	1.32
裂隙带高度/m	38	54	70
煤壁支承应力影响区/m	33	24	15
应力恢复过渡区/m	50	38	25
采空区走向渗流场域/m	83	62	40

4.4　采空区倾向渗流场域分布

按照模拟方案建立倾向上的分析模型，并按照图4-3设置变量观测线。

当采放比为1:1时，设置模型中 $x = 75\text{m}$、100m、125m、150m、200m 位移观测线和 $y = 72\text{m}$ 应力观测线。分别绘制观测线上位移随高度变化图和应力观测线上应力随倾向距离的分布图，如图4-13、图4-14所示。

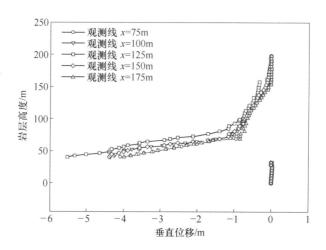

图4-13　采放比为1:1时观测线上上覆岩层位移

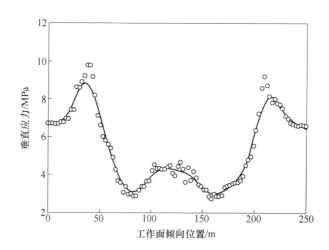

图4-14　采放比为1:1时 $y = 72\text{m}$ 观测线上应力分布

当采放比为1:2时，设置模型中 $x = 75\text{m}$、100m、125m、150m、200m 位移观测线和 $y = 85\text{m}$ 应力观测线。分别绘制观测线上位移随高度变化图和应力观测线上应力随倾向距离的分布图，如图4-15、图4-16所示。

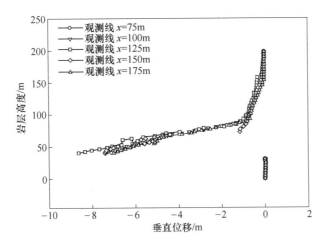

图4-15　采放比为1：2时观测线上上覆岩层位移

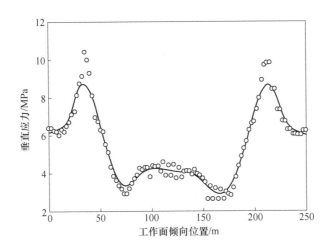

图4-16　采放比为1：2时y＝85m观测线上应力分布

当采放比为1：3时，设置模型中x＝75m、100m、125m、150m、200m位移观测线和y＝98m应力观测线。分别绘制观测线上位移随高度变化图和应力观测线上应力随倾向距离的分布图，如图4-17、图4-18所示。

由图4-13、图4-15、图4-17可知，当采放比在1：1、1：2、1：3之间变化时，采空区内在相同高度上，其位移分布具有相同的规律，即采空区中部位移大于两侧位移，且以工作面中部为轴线，采空区两侧位移具有对称分布现象；随着

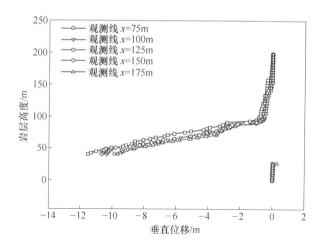

图 4-17 采放比为 1:3 时观测线上上覆岩层位移

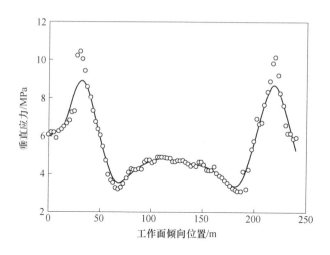

图 4-18 采放比为 1:3 时 $y=98$m 观测线上应力分布

采放比的增加，上覆岩层垂直位移量增加，但底板位移基本相同，无明显变化；上覆岩层的离层现象主要集中在采空区中部位置，并随着采放比增加，离层高度具有增加的趋势。采放比为 1:1 时，离层高度 $y=70\sim75$m；采放比为 1:2 时，离层高度 $y=82\sim85$m；采放比为 1:3 时，离层高度 $y=95\sim98$m。高于离层现象以上的上覆岩层垂直位移规律在不同采放比条件下基本一致，即随着高度的增加其垂直位移逐步减小。

由图 4-14、图 4-16、图 4-18 可以看出，在倾向上，随着综放工作面采放比的增加，采空区两侧应力峰值出现的位置距离煤壁越远，应力集中程度无明显规律；采空区两侧煤壁支撑影响范围随采放比的增加而减小；采空区倾向应力分布曲线呈马鞍形，但随着采放比的增加，采空区内两侧应力减小区域减小，应力恢复过渡区域逐步扩大。

根据图 4-13、图 4-15 和图 4-17 中的工作面倾向 $x = 75m$、$100m$、$125m$、$150m$、$175m$ 的垂直位移，绘制沿工作面倾向方向上煤层上覆岩层的位移分布图，如图 4-19 ~ 图 4-21 所示。从图中可以看出，综放工作面回采后，采空区上覆岩层在重力的作用下，发生的冒落、断裂、拉张裂隙、离层和弯曲下沉等一系列运动自上而下发展，随着上覆岩层高度的增加，位移逐渐减小；采空区中部的位移量大于采空区两侧位移，同一高度上的垂直位移在倾向上呈向下凸起"凹槽"型对称分布；随着上覆岩层高度的增加，垂直位移的倾向分布曲线的曲率减小，在裂隙带和弯曲下沉带的分界面附近，该分布线近似水平分布。

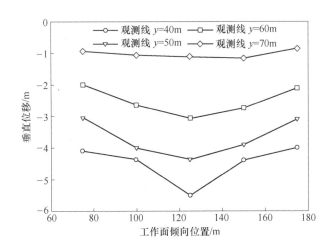

图 4-19 采放比为 1∶1 时不同高度上覆岩层垂直位移的倾向分布

随着采放比的增加，采空区上同一高度上的上覆岩层的垂直位移也增加，但在接近裂隙带和弯曲下沉带分界面附近，垂直位移的倾向分布规律不随采放比的增加而发生变化，都成近似水平分布。这种采空区上覆岩层垂直位移倾向分布的特点，在走向是连续发展的，整体上形成了采空区冒落的"O 型圈"，但随着工作面的继续推进，采空区深部逐渐被压实，其应力恢复至原岩应力，此时，采空区冒落"O 型圈"并不是完全水平、规则的分布，而是发展成为一个形似四分之一橄榄球形状的冒落空间。

由上述分析，结合采空区走向渗流场域的分布，在采放比分别为 1∶1、1∶2 和 1∶3 时，采空区内渗流场域见表 4-5。

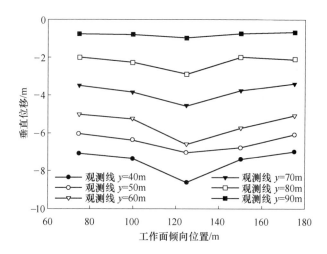

图 4-20　采放比为 1∶2 时不同高度上覆岩层垂直位移的倾向分布

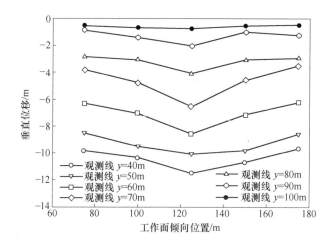

图 4-21　采放比为 1∶3 时不同高度上覆岩层垂直位移的倾向分布

表 4-5　工作面不同采放比采空区渗流场域　　　　　　　　（m）

采空区渗流场域		采放比		
		1∶1	1∶2	1∶3
走向	应力减小区域	33	24	15
	应力恢复区域	50	38	25
倾向	应力减小区域	66	48	30
	应力恢复区域	84	102	120
渗流场域高度		38	54	70

4.5 本章小结

本章根据矿井实际条件，考虑回采过程中采空区上覆岩层位移的差异性和破碎岩层压实程度的不同，利用 UDEC 离散单元程序对综放工作面在采放比为 1:1、1:2 和 1:3 时的采空区内渗流场域进行了确定，得到如下结论：

（1）在走向上，特厚煤层综放工作面随着采放比的增加，初次来压、周期来压距离均减小，裂隙带高度增加，采空区内煤壁支承影响区、应力恢复过渡区在呈现减小趋势。

（2）在倾向上，随着采放比的增加，采空区两侧煤壁支撑影响区域内的渗流场域范围减小，处于应力过渡区域内的渗流范围增加。

（3）采放比为 1:1 时，采空区渗流场域为 150m×83m×38m；采放比为 1:2 时，采空区渗流场域为 150m×62m×54m；采放比为 1:3 时，采空区渗流场域为 150m×40m×70m。

5　综放工作面采空区渗流规律分析

本章建立了采空区内非线性渗流数学模型，并以第4章分析得到的特厚煤层综放工作面采放比为1∶1、1∶2、1∶3时采空区内渗流场域为基础，分析了其孔隙率的空间分布特征，建立了 CFD 模型，模拟分析了采空区内渗流随采放比的变化规律、工作面阻力分布对采空区渗流及工作面两端压差的影响。

5.1　采空区渗流数学模型

采空区内多孔介质的固体骨架主要由遗煤、冒落的岩石组成，这种组成方式具有粒径不一、压实程度差异大的特征。一般认为煤矿采空区内多孔介质为非均匀多孔介质，其特征参数受采动的影响很大，跟随采动活动发生时间上和空间上的变化，而多孔介质中的渗流状态与多孔介质的特征紧密相连，这些特征包括多孔介质的孔隙率、渗透率和可压缩性。采空区的渗流状态包括层流、过渡流和紊流三种状态，其中层流状态符合 Darcy 渗流定律，一般发生在采空区内"应力三区"的重新压实区域，也即采空区煤自燃分区中的窒息区域，因此，本章的研究中不予以考虑。采空区渗流状态的判定准则为雷诺数，根据 Blake-Kozny 渗透率与孔隙率的关系 $k = d_m^2 \varphi^3 / [150(1-\varphi)^2]$，渗流中雷诺数 Re 可表示为：

$$Re = \frac{vk}{\nu d_m} = \frac{vd_m \varphi^3}{150\nu(1-\varphi)^2} \tag{5-1}$$

式中　v——采空区内流体的渗流速度，m/s；

　　　k——渗透率，m^2；

　　　ν——流体运动黏性系数，风流取 $14.8 \times 10^{-6} m^2/s$；

　　　d_m——多孔介质"骨架"颗粒的平均调和粒径，m；

　　　φ——孔隙率。

从式（5-1）可知，采空区内雷诺数与孔隙率、渗流速度成正比，随着孔隙率、渗流速度的增加而增加，减小而减小。

本章主要研究采空区内的过渡流、紊流渗流流态，据式（5-1），判定采空区渗流流体的速度表达式可表示为：

$$v = \frac{150Re\nu(1-\varphi)^2}{d_m \varphi^2} \tag{5-2}$$

1956 年，Bachmat 提出了多孔介质中三维非线性渗流定律的表达式。本章研究是基于将采空区视为定常、不可压缩、无源渗流流动，且为等温过程，将文献〔32〕的非线性渗流公式在直角坐标系中展开，即可得到其气体质量守恒定律表达式：

$$\begin{cases} \dfrac{\partial}{\partial x}\left(-\dfrac{1}{a+bv}\dfrac{\partial p}{\partial x}\right) + \dfrac{\partial}{\partial y}\left(-\dfrac{1}{a+bv}\dfrac{\partial p}{\partial y}\right) + \dfrac{\partial}{\partial z}\left(-\dfrac{1}{a+bv}\dfrac{\partial p}{\partial z}\right) = 0 \\[3mm] a = \dfrac{v}{gk} = \dfrac{v(1-\varphi)^2}{gC_0\varphi^3} \\[3mm] b = \dfrac{\beta d_{\mathrm{m}}}{k\varphi g} = \dfrac{\beta d_{\mathrm{m}}(1-\varphi)^2}{C_0\varphi^4 g} \end{cases} \tag{5-3}$$

式中　v——采空区内流体的渗流速度，m/s；

　　　β——介质颗粒的形状系数，经验值为 $1.5^{[120]}$；

　　　g——重力加速度，$9.81\mathrm{m/s^2}$。

在考虑黏性损失和惯性损失后，采空区渗流的动量守恒定律可表示为：

$$\frac{\partial(\rho V)}{\partial t} + \nabla(\rho VV) = -\nabla P + \nabla(\tau) + \rho g - \frac{\varphi\mu}{K_{\mathrm{p}}}V - C_2\frac{\rho\,|V|\,V}{2} \tag{5-4}$$

式中　K_{p}——多孔介质的渗透率，$\mathrm{m^2}$；

　　　μ——流体的动力黏度，$\mathrm{kg/(m\cdot s)}$；

　　　C_2——惯性阻力因子，$C_2 = \dfrac{\varphi^2\mu}{\sqrt{K_{\mathrm{p}}}}$；

　　　τ——黏性应力张量；

　　　∇——矢量散度符号。

5.2　模型参数设置

5.2.1　几何模型建立

表 4-5 中采放比为 1∶1、1∶2 和 1∶3 时采空区渗流场域的尺寸即为 FLU-ENT 模型中多孔介质解算域，根据工作面参数，利用 GAMBIT 建立其各自的分析模型，分别如图 5-1 ~ 图 5-3 所示。

图 5-1 ~ 图 5-3 中，x 方向为工作面走向，y 方向为工作面倾向，z 为采空区渗流场域的高度；三个模型中两巷与工作面的参数皆相同，进、回两巷尺寸为 4m×3m（宽×高），工作面尺寸为 4m×3m（宽×高）；采放比为 1∶1、1∶2、1∶3 时模型尺寸分别为（走向 x×倾向 y×高度 z）：83m×150m×38m、62m×150m×54m、40m×150m×70m。

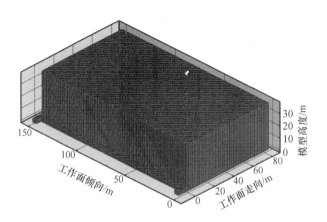

图 5-1　采放比为 1∶1 时采空区渗流场域模型

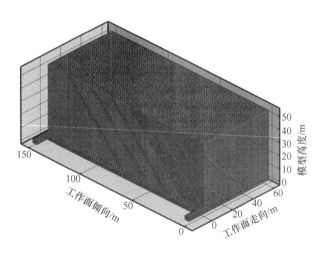

图 5-2　采放比为 1∶2 时采空区渗流场域模型

5.2.2　模型边界条件及孔隙率、渗透系数分布

本次模型假设采空区渗流场域边界上无源、汇点，即边界法向方向上流量为零，模型中包含两个求解域，即进、回两巷与工作面求解域，采空区渗流求解域。

在进、回两巷与工作面求解域中，进风巷断面设置为流速/流量边界（inlet），与采空区渗流场域相接触的设置为 interface；在采空区渗流求解域中，除与工作面接触的面设置为 interface 外，其余均为 wall 边界。具体边界条件设置见表 5-1。

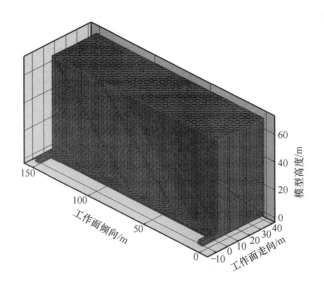

图 5-3 采放比为 1:3 时采空区渗流场域模型

采空区多孔介质为一非均质多孔介质，假定在整个渗流域内，其孔隙率为一个连续函数。在走向方向上，由于受上覆岩层自重应力的影响，煤壁支撑影响区域孔隙率要明显大于过渡区域，重新压实区域孔隙率最小，接近于原岩时的孔隙率，不予以考虑。在水平面上，以工作面中心建立直角坐标系统，根据实测和经验公式，采空区内同一高度平面上孔隙率的分布可表示为[121]：

表 5-1 模型边界条件

边界类型	模型采放比		
	1:1	1:2	1:3
inlet	进风巷断面		
outlet	回风巷断面		
wall	$z=0$，$z=38$，$y=0$，$y=150$，$x=0$，$x=83$	$z=0$，$z=54$，$y=0$，$y=150$，$x=0$，$x=62$	$z=0$，$z=70$，$y=0$，$y=150$，$x=0$，$x=40$
interface	两解算域接触面		

$$\varphi(x,y) = \varphi(x)\varphi(y) = (0.2e^{0.0223x} + 0.1)\left[e^{0.015\left(\frac{L}{2}\pm y\right)} + 1\right] \tag{5-5}$$

式中　$\varphi(x, y)$ ——采空区孔隙率；

　　　$\varphi(x)$ ——采空区沿走向上的孔隙率分布；

$\varphi(y)$——采空区沿工作面上的孔隙率分布；

x——由工作面向采空区深部的走向方向；

y——沿工作倾向方向，正方向取"－"，负方向取"＋"。

按照式（5-5）和第4章中采空区渗流场域大小的分析结果，当综放工作面采放比分别为1：1、1：2、1：3时在$z=3$m水平面内渗流场域内孔隙率的分布分别如图5-4~图5-6所示。

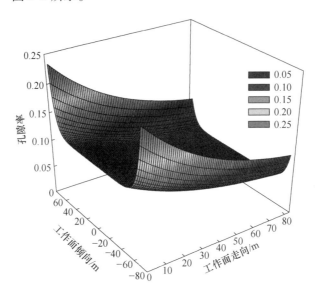

图5-4　采放比为1：1时采空区孔隙率分布（$z=3$m）

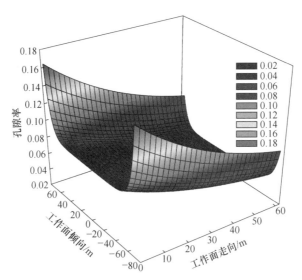

图5-5　采放比为1：2时采空区孔隙率分布（$z=3$m）

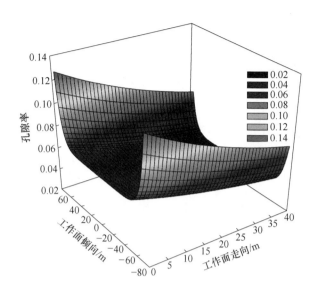

图 5-6　采放比为 1∶3 时采空区孔隙率分布（$z=3m$）

从图 5-4 ~ 图 5-6 可以看出，综放工作面采空区内孔隙率最大位置为工作面上、下隅角；随着采放比的增加，工作面煤壁支撑影响区域内的孔隙率呈减小趋势，本模型中，采放比为 1∶1 时，$\varphi_{max}=0.25$，采放比为 1∶2 时，$\varphi_{max}=0.18$，采放比为 1∶3 时，$\varphi_{max}=0.14$；在每个采放比单独模型中，孔隙率的分布状况呈现两侧高中间低、煤壁支撑影响区内高应力恢复过渡区低的凹槽形分布，这符合第 4 章中采空区渗流场域分布的分析结果。

采空区内多孔介质"骨架"的非均质特性使得其孔隙率在渗流场域内如上述分布，而流体在采空区多孔介质孔隙内的渗流黏性阻力是由渗透系数张量来进行定义的，将渗透率蜕化为标量系数，根据式（3-2）和 Blake-Kozny 渗透率与孔隙率的关系表达式，采空区内的标量渗透系数可表示为：

$$K=\frac{d_{m}^{2}\varphi^{3}}{150(1-\varphi)^{2}}\times\frac{\rho g}{\nu} \tag{5-6}$$

根据式（5-6），在采空区内 $z=3m$ 的水平面上渗透系数的分布如图 5-7 ~ 图 5-9 所示。从图中可以看出，采空区非均匀多孔介质的渗透系数在渗流场域内的变化与孔隙率的变化趋势基本一致，随着采放比的增加，采空区相同高度的水平面上，其渗透系数呈减小趋势，且随着采放比的进一步增加，这种渗透系数减小的变化规律趋于平缓。当采放比分别为 1∶1、1∶2、1∶3 时，在采空区 $z=3m$ 的水平面上，其最大渗透系数分别为 91.92cm/s、26.9cm/s、11.29cm/s。

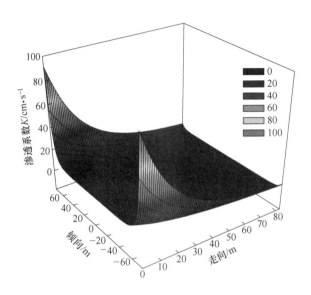

图 5-7　采放比为 1 : 1 时采空区渗透系数分布（$z = 3\mathrm{m}$）

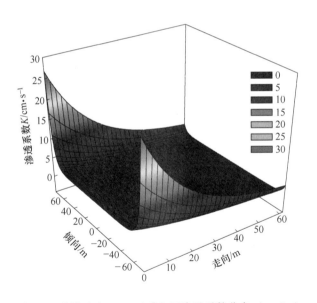

图 5-8　采放比为 1 : 2 时采空区渗透系数分布（$z = 3\mathrm{m}$）

5.3　采放比对采空区渗流的影响

　　采放比为 1 : 1、1 : 2 和 1 : 3 时采空区渗流三维速度分布如图 5-10 ~ 图 5-12 所示。

　　从图 5-10 ~ 图 5-12 中可以看出，相同的渗流速度，采空区中部的渗透深度

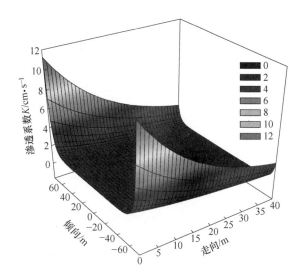

图 5-9　采放比为 1∶3 时采空区渗透系数分布（$z=3$m）

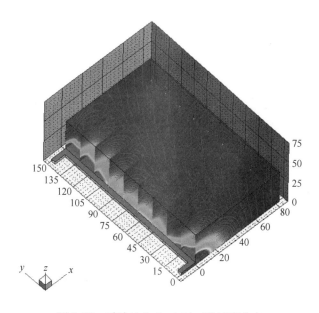

图 5-10　采放比为 1∶1 时三维速度分布

要小于采空区两侧煤壁附近的渗透深度；在工作面走向上，随着采放比的增加，采空区内相同渗流速度的渗透深度逐步减小；在渗流场域垂直高度上，随着采放比的增加，渗流速度值变小，梯度变小，且速度等值线呈水平分布。

　　为对照分析采空区渗流状态随综放工作面采放比的变化规律，分别在采放比为 1∶1、1∶2 和 1∶3 时采空区渗流模拟结果中建立 $z=1$m 的水平切面，其渗流

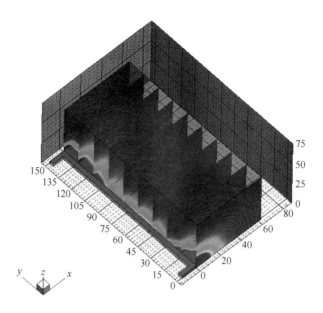

图 5-11　采放比为 1∶2 时三维速度分布

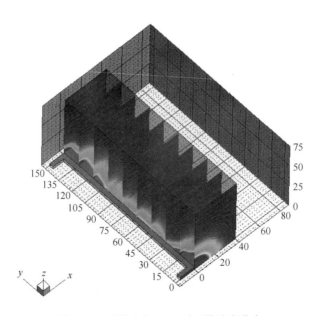

图 5-12　采放比为 1∶3 时三维速度分布

速度云图如图 5-13 所示（最大值显示为 0.3m/s）。由图可以看出，综放工作面采空区内渗流速度场的分布具有较弱的对称性，进风隅角和回风隅角在相同速度区间内，回风侧范围较之进风侧大；随着采放比的增加，采空区中部相同渗流速度区间的范围也随之增加；在走向上，过渡渗流（非线性渗流）区域出现减小的趋势；倾向上，过渡渗流（非线性渗流）区域增加。

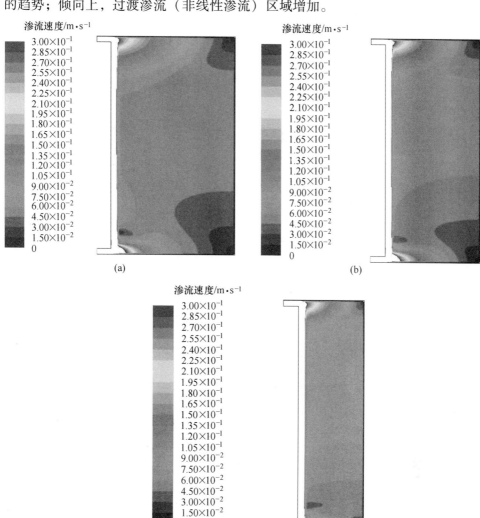

图 5-13 采空区内速度分布（z = 1m）

(a) 采放比为 1：1；(b) 采放比为 1：2；(c) 采放比为 1：3

　　由以上分析可知，综放工作面采空区渗流规律随采放比的变化与采空区渗流场域随工作面采放比的变化规律相同，这也充分证实了采空区应力分布影响采空区内多孔介质骨架（冒落岩块和遗煤）孔隙率分布，从而导致渗流场域分布的普适性规律。

　　对采空区高度为 1m 平面上的渗流速度进行统计分析，其走向渗流速度大小统计分布如图 5-14 所示，倾向渗流速度大小统计分布如图 5-15 所示，以及整体渗流速度分布统计直方图如图 5-16 所示（分析速度范围为 0～0.2m/s，组数为 100）。

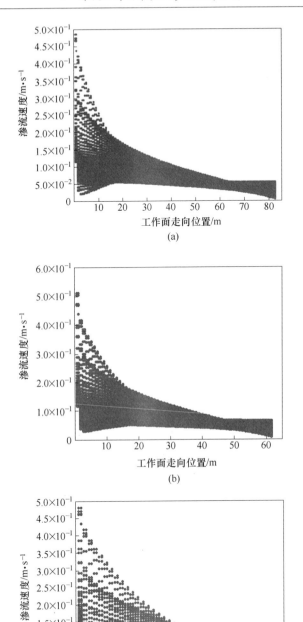

图 5-14　采空区内走向渗流速度分布统计

（a）采放比为 1∶1；（b）采放比为 1∶2；（c）采放比为 1∶3

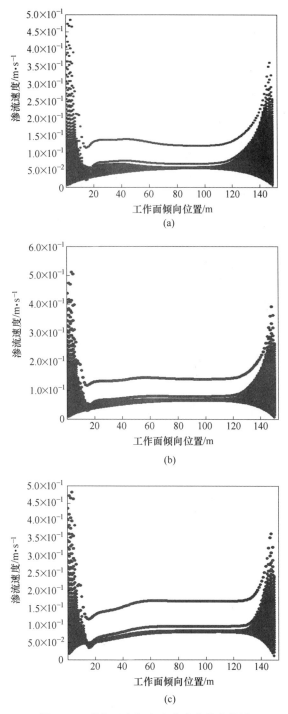

图 5-15　采空区内倾向渗流速度分布统计
（a）采放比为 1∶1；（b）采放比为 1∶2；（c）采放比为 1∶3

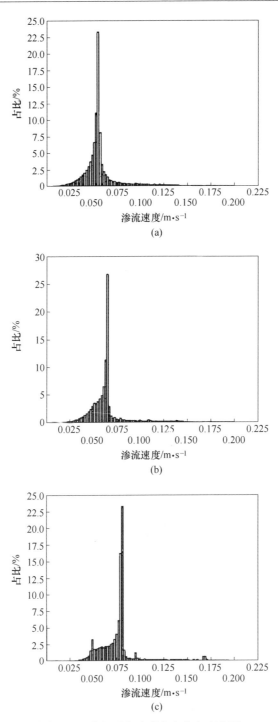

图 5-16   采空区内速度大小分布直方图

（a）采放比为 1∶1；（b）采放比为 1∶2；（c）采放比为 1∶3

走向上（图5-14），随着采空区深度的增加，渗流速度逐渐减小，渗流速度值的区间变窄；在距离综放工作面相同位置上的渗流速度随采放比的增加而减小，过渡渗流区域（渗流速度大于0.13m/s）在走向上的范围随采放比的增加而减小，当综放工作面采放比分别为1:1、1:2和1:3时，其值约为33m、23m和20m。

倾向上（图5-15），采空区内渗流速度的最大值处于工作面进风隅角，其次为采空区回风隅角，且随着综放工作面采放比的增加，两隅角同一渗流速度区间内的倾向长度减小；在采空区倾向中部，随着采放比增加，渗流速度逐渐增大，其取值区间扩大，渗流速度的最大值处于靠近工作面的区域。

整体渗流速度分布直方图中（图5-16），在渗流速度区间0~0.2m/s内，三种采放比条件下，总体数据出现左偏，表明采空区内部渗流以低速渗流为主，其渗流速度的主要分布区间为0~0.075m/s，但随着采放比的增加，区间内主体渗流速度值增加。

从渗流速度大小分布的整体统计结果来看，采放比对采空区渗流的影响符合其对采空区渗流场域的影响规律。

5.4 工作面阻力分布对采空区渗透的影响

综放工作面布置有大型的割煤机和液压支架等设备，其位置的分布直接影响到工作面的阻力分布，从而影响由工作面向采空区的漏风量。本节以矿井实际生产中工作面采放比1:2为例，将采煤机等效为一个长方体（长×宽×高：4.5m×1.2m×1.0m），分别建立采煤机处于工作面进风端、中段和工作面回风端3种情况的模型，模拟分析对应的采空区渗流状态。当采煤机位于工作面进风侧、中段和回风侧时，在水平面$z=1m$切面上渗流速度云图如图5-17所示。

从图5-17与图5-13（b）比较可以看出，当工作面在相同采放比条件下，工作面阻力分布对采空区渗流具有明显的影响作用：当工作面采煤机等大型设备处于进风侧时，如图5-17（a）所示，进风隅角和回风隅角的渗透深度增加，且进风隅角渗流区域扩大范围大于回风隅角，速度流场的非对称性分布加强；当工作面采煤机等大型设备处于工作面中部时，如图5-17（b）所示，采空区中部出现明显的渗流速度增加区域，且该区域在小范围内呈对称分布，进风隅角与回风隅角的渗流区域呈现相同的变化率；当工作面采煤机等大型设备处于回风侧时，如图5-17（c）所示，回风隅角的渗透深度大于进风隅角的渗透深度。

当综放工作面采放比为1:2、考虑综放工作面机械设备对工作面阻力分布的影响时，在采空区高度为$z=1m$的水平面上，其走向、倾向以及整体速度分布的统计分别如图5-18~图5-20所示。

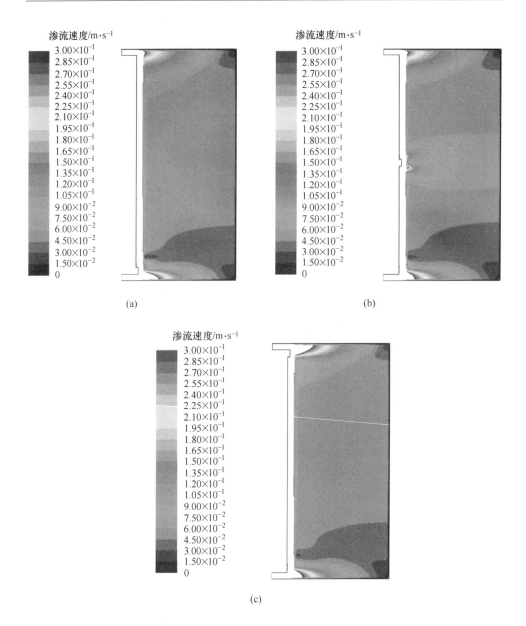

图 5-17　采煤机分别位于工作面进风侧、中段和回风侧时采空区内速度分布
（采放比 1 : 2，$z = 1$m）
（a）进风侧；（b）中段；（c）回风侧

　　走向上（图 5-18），渗流速度的最大值皆出现于靠近工作面的区域，而在采空区深部，其渗流速度与工作面阻力分布有关，同一深度上，其渗流速度从大到小分别为阻力分布靠近进风侧、回风侧和工作面中部。

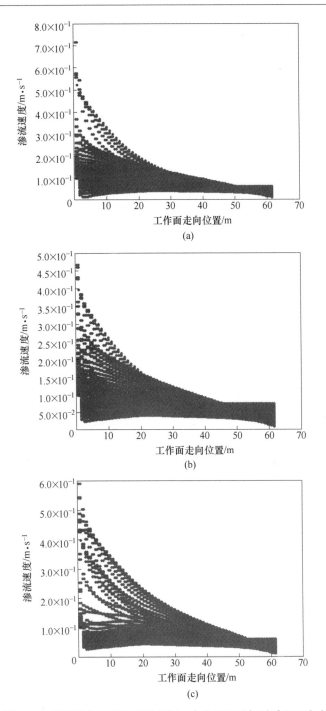

图 5-18　采煤机位于工作面进风侧、中段和回风侧时采空区走向
速度分布统计（采放比 1∶2，$z = 1\text{m}$）

（a）进风侧；（b）中段；（c）回风侧

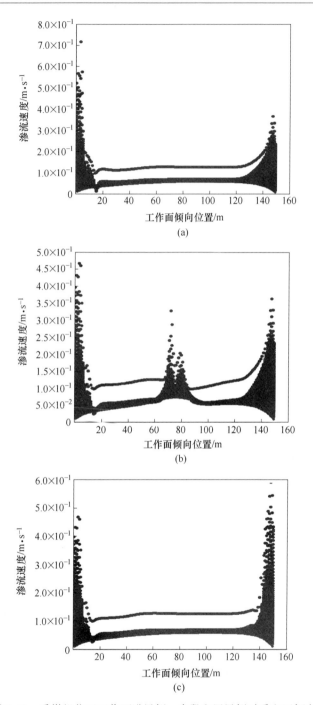

图 5-19 采煤机位于工作面进风侧、中段和回风侧时采空区倾向
速度分布统计（采放比 1 : 2，$z = 1m$）

（a）采煤机位于进风侧；（b）采煤机位于工作面中段；（c）采煤机位于回风侧

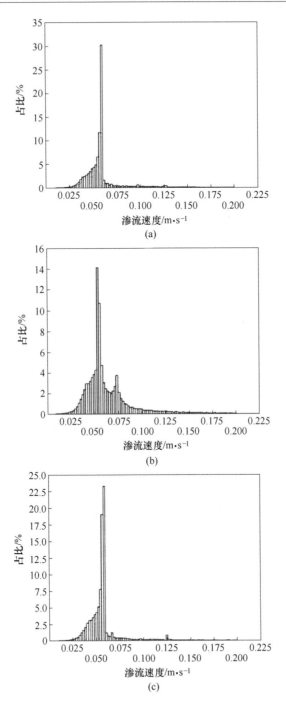

图 5-20 采煤机位于工作面进风侧、中段和回风侧时采空区
内速度大小分布直方图（采放比 1 : 2，$z = 1\text{m}$）

（a）进风侧；（b）中段；（c）回风侧

倾向上（图5-19），当工作面阻力主要分布于进风侧时，采空区内进、回风隅角的风速增大，且进风隅角速度增幅明显；当工作面阻力主要分布于中段时，采空区内进、回风隅角渗透速度大小变化不明显，但在采空区倾向中部出现约为30m范围的渗流速度增加区域，最大值达0.3m/s，且该区域内渗流速度大小的变化以采煤机为中心呈轴对称分布；当工作面阻力主要分布于回风侧时，采空区回风隅角渗流速度增加，与进风隅角渗流速度相差较小，其大小和区域呈较弱的对称分布。

从采空区渗流平面上的渗流速度总体分布来看（图5-20），当工作面阻力主要分布于进风侧、回风侧时，整体数据皆出现左偏，主体渗流速度区间为0.05～0.06m/s；而当工作面阻力主要分布于工作面中段时，整体数据出现较弱的双峰型分布，证实了采空区倾向中部出现渗流速度明显增加的现象。

在图5-13（b）、图5-17对应的压力场分布中获取工作面两端压差值，工作面未添加采煤机等效体和当工作面采煤机位于进风端、中段和回风端时，工作面两端压差分别为98.62Pa、124.49Pa、100.57Pa、103.64Pa，如图5-21所示（横坐标中1表示未考虑工作面设备，2、3、4表示工作面采煤机等大型设备处于进风侧、工作面中部和回风侧），图中压差值变化趋势与第3章中模型实验的变化趋势（图3-34）基本一致，即工作面阻力主要分布于靠近进风端时，工作面两端压差最大。

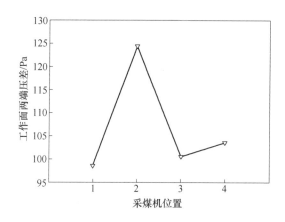

图5-21　工作面两端压差随工作面阻力分布的变化曲线
1—无采煤机；2—进风侧；3—中段；4—回风侧

5.5　工程实测与模拟结果对比分析

矿井4004工作面位于井田东翼+560水平，为4003的接续工作面，工作面平均煤厚20m，机械采煤高度为3m，采放比为1：2，放煤方式采用"三排一放"，采煤机截深为800mm，即放煤步距为2.4m。工作面配置设备包括：

ZFSB5400-18/35 基本支架、ZFG5800-20/35 过渡支架、前后刮板输送机 SGZ-800/400 与 SGZ-830/400、MG400/920-QWD 型可调高双滚筒无链牵引采煤机、SSJ-1200/2×250 型皮带输送机、SZZ-800/400 桥式转载机、PCM160 型锤式破碎机及 GRB-315/31.5 液压泵站。

采空区漏风的大小取决于漏风源与漏风汇之间的压差和漏风通道的阻力，漏风压差为工作面进、回两端的压差。考虑到安全因素和测试设备的局限性，采空区内部的风速和压力测试难以实现，但可以对采空区渗流场域的边界——工作面采用分段单元法测试由工作面漏入采空区或由采空区漏向工作面的风量大小。根据 4004 工作面实际生产条件，分别在工作面进、回风巷距离工作面 10m 位置布置压力测点；将 4004 工作面分为 7 个测试单元，采用单元法测定风量，每个单元的风量包括支架前、后两部分风量。工作面及压力测点布置如图 5-22 所示。

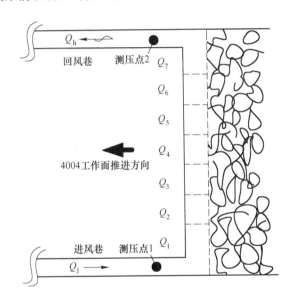

图 5-22　工作面及压力测点布置图

测试时，采取多次测试取平均值的方式，分别测试工作面主要大型移动设备位于工作面进风侧、中段和回风侧时的单元风量和工作面两端的压差，测试数据见表 5-2。

根据表 5-2 中的数据，绘制综放工作面阻力分布于进风端、中部和回风端时，测试单元风量、漏风量随其距离 4004 工作面进风巷长度的变化图，如图 5-23 所示。

从图中可以看出，工作面单元测试风量（进风端：Q_{zj}、中段：Q_{zz}、回风端：Q_{zh}）随着测点与进风端距离的增加都出现了先减小后增大的趋势，表明工作面漏风方向先由工作面漏向采空区，后由采空区漏入工作面，且工作面阻力分布的不同，工作面漏风方向转变的位置不同，当工作面阻力主要分布于进风端、中段和回风端时，其漏风方向转变的位置距离进风巷的长度分别为 95m、115m、135m。

表 5-2　风量与压差测试数据

测试项	进风端		中段		回风端	
	单元风量 /m³·min⁻¹	漏风量 /m³·min⁻¹	单元风量 /m³·min⁻¹	漏风量 /m³·min⁻¹	单元风量 /m³·min⁻¹	漏风量 /m³·min⁻¹
Q_j	1500	414	1500	240	1500	205
Q_1	1086	121	1260	105	1295	164
Q_2	965	61	1155	100	1131	105
Q_3	904	24	1055	49	1026	96
Q_4	880	−105	1006	40	930	60
Q_5	985	−130	966	−125	870	25
Q_6	1115	−175	1091	−140	845	−274
Q_7	1290	−220	1231	−274	1119	−388
Q_h	1510		1505		1507	
$\Delta p_{1-2}/\mathrm{Pa}$	127. 15		101. 29		104. 88	

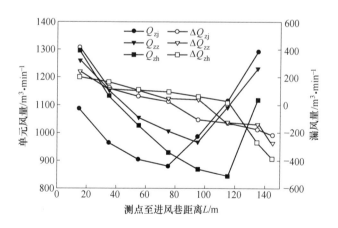

图 5-23　单元风量与漏风量测试值

4004 综放工作面两端压差随阻力分布位置变化的测试值与模拟值如图 5-24 所示，从图中可知，工作面阻力分布对工作面两端压差的影响规律与实验结果、模拟结果相同，且模拟值与测试值接近，误差均在 5% 以内，能够满足现场生产应用要求。

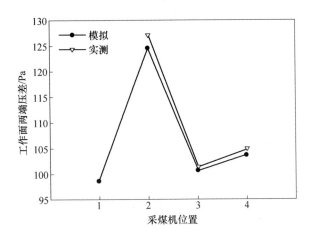

图 5-24　工作面两端压差实测值与模拟值
1—无采煤机；2—进风侧；3—中段；4—回风侧

5.6　本章小结

（1）对特厚煤层综放工作面在采放比为 1 : 1、1 : 2、1 : 3 时从采空区内渗流场域的孔隙率分布进行了分析。

（2）利用 CFD 数值模拟软件，对特厚煤层综放工作面在采放比为 1 : 1、1 : 2、1 : 3 时从采空区内渗流场域进行了建模，并模拟分析了渗流规律，发现：综放工作面采空区内渗流速度场分布具有较弱的对称性；从渗流场域的分布范围来看，进风隅角和回风隅角在相同渗流速度区间内，回风侧范围较之进风侧大，随着采放比的增加，采空区中部相同渗流速度区间的范围也随之增加，在走向上，过渡渗流（非线性渗流）区域出现减小的趋势，倾向上，过渡渗流（非线性渗流）区域增加；从采空区内渗流速度大小的分布来看，随着采放比的增加，采空区回风隅角与采空区倾向中部渗流速度变化较为明显。

（3）分析了工作面阻力分布对工作面两端压差、采空区内渗流的影响，同工程实践结果表明：当工作面最大阻力段靠近进风侧时，工作面两端的压差达到最大，进风隅角渗流区域增加范围大于回风隅角，速度流场的非对称性分布加强；当工作面最大阻力段处于工作面中段时影响工作面两端压差的程度最小，但采空区中部出现明显渗流速度增加区域，且该区域在小范围内呈对称分布，进风隅角与回风隅角的渗流区域呈现相同的变化率；当工作面最大阻力段靠近回风侧时，回风隅角的渗透深度的变化范围大于进风隅角。

6 结论与展望

6.1 结论

由于煤矿井下采空区的隐蔽性和复杂的结构特征，往往导致生产过程中与采空区相关的瓦斯爆炸、煤自燃等灾害事故难以预测和治理，综放工作面采空区具有遗煤多、空间大、采动影响范围广的特点，大大提高了研究该类问题的困难程度。在相同的地质条件下，工作面的采放比对采空区应力分布、孔隙率分布和渗流场域的分布存在着某一影响关系，本书通过对采空区渗流场域的理论分析、模型渗流实验、数值分析，得到以下结论：

（1）采空区渗流场域在走向上包含煤壁支撑影响区和应力恢复过渡区，其长度为采空区内应力恢复至原岩应力的点距工作面距离，采空区渗流场域在倾向上范围为工作面长度，其高度为采空区裂隙带高度。

（2）均质多孔介质与非均质多孔介质中颗粒粒径、渗流速度对渗透压力梯度、渗透系数的影响具有相似的规律：随着渗流速度的增加，渗透压力梯度增高；在相同渗流速度变化范围内，孔隙率的大小是影响压力梯度变化速率的主要因素，随着构成多孔介质颗粒粒径的增大，渗透系数增加，渗流状态逐步由以黏性力为主的线性渗流向以惯性力为主的非线性渗流转变，转变的渗流速度（比流量）阈值也逐步减小，当粒径增大到一定程度后，渗流状态转变的渗流速度（比流量）阈值趋于稳定；非均质多孔介质中，其渗透系数、渗流状态转变的渗流速度主要取决于小粒径颗粒所占的比例。

（3）相同地质条件下，随着采放比的增加，采空区渗流场域高度增加；在走向上，综放工作面初次来压、周期来压距离均减小，处于煤壁支承影响区、应力恢复过渡区的采空区渗流场域呈现减小趋势；在倾向上，随着采放比的增加，采空区两侧煤壁支撑影响区域内的渗流场域范围减小，处于应力过渡区域内的渗流场域范围增加；采空区内孔隙率随其渗流场域的变化而变化。

（4）采空区内渗流速度场分布具有较弱的对称性，进风隅角和回风隅角在相同速度区间内，回风侧渗透范围大于进风侧渗透范围；随着采放比的增加，走向上，过渡渗流（非线性渗流）区域出现减小的趋势，倾向上，过渡渗流（非线性渗流）区域增加。

（5）工作面阻力主要分布于进风端、回风端和工作面中部时，工作面两端压差依次减小；当工作面阻力主要分布于进风侧时，进风隅角渗流区域增加范围大于回风隅角，速度流场的非对称性分布加强；当工作面阻力主要分布于工作面中段时，采空区中部出现明显渗流速度增加区域，且该区域在小范围内呈对称分布，进风隅角与回风隅角的渗流区域呈现相同的变化率；当工作面阻力主要分布于回风侧时，回风隅角的渗透深度的变化范围大于进风隅角。

6.2　创新点

（1）通过理论分析与总结，得到了基于应力分布的采空区渗流场域大小的模型。

（2）通过模型实验，揭示了相同渗流速度下，均质、非均质多孔介质构成颗粒粒径大小对渗透压力梯度、渗透系数的影响规律；并得到了以黏性力为主的线性渗流状态向惯性力为主的非线性渗流状态转变的渗流速度值区间及其随多孔介质粒径的变化规律；分析了工作面阻力分布对工作面两端压差和采空区渗流压力的影响。

（3）基于采空区应力分布，通过数值模拟，揭示了随着综放工作面采放比的增加，其采空区渗流场域在高度上增大而走向上减小的变化规律；从统计的角度，分析了综放工作面采放比、工作面阻力分布对采空区渗流速度分布的影响。

6.3　展望

厚及特厚煤层的开发与利用将成为中国煤炭工业的主要发展方向，而针对综放工作面回采过后的采空区研究尚未全面展开。本书所提出的基于采场应力分布确定采空区渗流场域的方法，能为特厚煤层综放工作面采空区内的瓦斯、煤自燃防治技术提供解决思路与方法，但采空区的形成、孔隙率的变化还受其他众多因素的影响，因此，本书在研究内容和方法上旨在抛砖引玉，还存在以下不足有待进一步研究：

（1）不同生产技术参数下的采空区渗流场域及规律研究。生产技术参数直接影响到采空区的结构特点，其主要因素有：煤层倾角、煤岩力学性质、通风方式、工作面往采空区的漏风量、采空区的外部漏风、煤层瓦斯和采空区抽采等。

（2）防治技术对采空区渗流的影响。为预防采空区内灾害事故的发生，人们会采取一系列防治技术措施，如喷洒阻化剂、注浆/水、注氮、插/埋管抽放及充填开采等，这在很大程度上改变了采空区渗流的流体、孔隙率等，使得采空区渗流由单相渗流向两相渗流、由少组分渗流向多组分渗流进行转变。

（3）采空区渗流的反问题研究。反分析方法自提出以来，其利用的研究领域包含了隧道工程与水电地下工程、水文地质勘探、大坝安全监控等，并取得了良好的实践效果。反分析基本理论方法有遗传算法、粒子群算法、Radon 变换、神经网络算法等。采空区渗流问题的反分析将大大提高采空区灾害事故预测的准确性，降低防治技术工作量。

（4）特厚煤层综放工作面采空区灾害事故的防治技术措施研究。

参 考 文 献

[1] Yang W, Lin B Q, Qu Y G, et al. Stress evolution with time and space during mining of a coal seam [J]. Int. J. Rock Mech. Min Sci. , 2011, 48: 1145-1152.

[2] 韩文科. 中国能源消费结构变化趋势及调整对策 [M]. 北京: 中国计划出版社, 2007.

[3] Wang L, Cheng Y P. Drainage and utilization of Chinese coal mine methane with a coal-methane co-exploitation model: analysis and projections [J]. Resour Policy, 2012, 37: 315-321.

[4] Yang W, Lin B Q, Xu J T. Gas outburst affected by original rock stress direction [J]. Nat Hazards, 2014, doi: 10. 1007/s1069-014-1049-z.

[5] Wang F T, Ren T, Tu S H, et al. Implementation of underground long-hole directional drilling technology for greenhouse gas mitigation in Chinese coal mines [J]. Int. J. Greenh Gas Control, 2012, 11: 290-303.

[6] 梅国栋, 刘璐, 王云海. 影响我国煤矿安全生产的主要因素分析 [J]. 中国安全生产科学技术, 2008, 4 (3): 84-87.

[7] 董晓波, 张同建, 谭章禄. 我国煤矿安全生产影响因素实证研究 [J]. 矿压安全与环保, 2010, 37 (5): 84-86.

[8] 王珂. 影响我国煤矿安全生产的主要因素分析 [J]. 内蒙古煤炭经济, 2014 (3): 90-91.

[9] 李润之. 煤矿采空区瓦斯爆炸预防技术研究 [J]. 矿业安全与环保, 2012, 39 (6): 26-29.

[10] 余陶. 采空区瓦斯与煤自燃复合灾害防治机理与技术研究 [D]. 合肥: 中国科学技术大学, 2014.

[11] 何洪生. 小煤矿采空区积水透水事故原因及对策 [J]. 中国煤田地质, 2005, 17 (增刊): 71-73.

[12] 高致宏. 老虎台矿 "3·10" 透水事故的水文地质分析 [J]. 煤矿安全, 2010 (7): 131-132.

[13] 常绪华. 采空区煤自燃诱发瓦斯燃烧 (爆炸) 规律及防治研究 [D]. 徐州: 中国矿业大学, 2013.

[14] 郭艾东. 煤自燃阶段特征及采空区自燃区域变化规律研究 [D]. 北京: 中国矿业大学, 2012.

[15] 高洋. 煤矿开采引起采空瓦斯与煤自燃共生灾害研究 [D]. 北京: 中国矿业大学, 2012.

[16] 焦宇, 段玉龙, 周心权. 煤矿火区密闭过程自燃诱发瓦斯爆炸的规律研究 [J]. 煤炭学报, 2012, 37 (5): 850-856.

[17] 宋选民, 连清旺, 邢平伟, 等. 采空区顶板大面积垮落的空气冲击灾害研究 [J]. 煤炭科学技术, 2009, 37 (4): 1-5.

[18] 吴爱祥, 王贻明, 胡国斌. 采空区顶板大面积冒落的空气冲击波 [J]. 中国矿业大学学报, 2007, 36 (4): 473-477.

[19] 郑怀昌, 宋存义, 胡龙, 等. 采空区顶板大面积冒落诱发冲击气浪模拟 [J]. 北京科技

大学学报，2010，32（3）：277-282.

[20] 李宗翔，贾化成，毕强，等. 放顶煤采空区瓦斯源强度与自燃的关联性 [J]. 煤炭学报，2012，37（1）：120-125.

[21] 李宗翔. 综放工作面采空区瓦斯涌出规律的数值模拟研究 [J]. 煤炭学报，2002，27（2）：173-178.

[22] 邸志前，丁广骧，左树勋，等. 放顶煤综采采空区"三带"的理论计算与观测分析 [J]. 中国矿业大学学报，1993，22（1）：8-15.

[23] 刘文永，滕福义，王摇东，等. 综放工作面采空区自燃"三带"的观测与划分 [J]. 矿业安全与环保，2014（7）.

[24] 孙婉. 多孔介质渗流力学理论研究现状及发展趋势 [J]. 上海国土资源，2013，34（3）：70-73.

[25] 周济福. 渗流力学研究的现状和发展趋势 [J]. 力学与实践，2007，29（3）：1-6.

[26] 孔祥言. 高等渗流力学 [M]. 合肥：中国科学技术大学出版社，1999.

[27] 王清，王剑平. 土孔隙的分形几何研究 [J]. 岩土工程学报，2000（4）：496-498.

[28] Katz A J, Thompason A H. Fractal sandstone pores: Implications forconductivity and pore formation [J]. Physical Review Letters, 1985（54）：1325-1328.

[29] Adler P M, Thovert J F. Fractal porous media [J]. Transport in Porous Media, 1993, 13（1）：41-78.

[30] Adler P M. Transports in fractal porous media [J]. Journal of Hydrology, 1996, 187（1）：195-213.

[31] 胡小芳，胡大为，吴成宝. 多孔介质黏土颗粒群的粒径分布分形维 [J]. 华南理工大学学报（自然科学版），2006，34（5）：99-102.

[32] 薛禹群. 地下水动力学原理 [M]. 北京：地质出版社，1986：9，16-20.

[33] 华东水利学院土力学教研室. 土工原理与计算：上册 [M]. 北京：水利水电出版社，1979：118-119.

[34] Richards L A. Capillary conduction of liquids throughporous mediums [J]. Journal of Applied Physics, 1931, 1（5）, doi: 10.1063/1.1745010.

[35] Biot M A. General solution of the equation of elasticity and consolidation in porous material [J]. Appl. Mech., 1956, 23（9）：1-9.

[36] Biot M A. General Theory of three dimensional consolidation [J]. J. Appl. Phys., 1973, 7（8）：4924-4937.

[37] Noorihesd J, Tang C F, Witherspoon P A. Coupled thermal hydraulic 2 mechanical phenomena in saturated fractured porous rocks: numerical approach [J]. J. Geo. Phy. Res., 1984, 8（9）：10365-10373.

[38] Bai Yuhu, Li Jiachun, Zhou Jifu. Effects of physical parameter range on dimensionless variable sensitivity in water flooding reservoirs [J]. Acts Mechanics Sinica, 2008, 22：187-193.

[39] 白玉湖，李家春，周济福. 水驱油两相流物理模拟相似参数的敏感性分析 [J]. 中国科学：E辑，工程科学，材料科学，2005，35（7）：761-772.

[40] El-Sayed M F, Eldabe N T M, Ghaly A Y, et al. Effects of chemical reaction, heat, and mass

transfer on non-newtonian fluid flowthrough porous medium in a vertical peristaltic tube [J]. Transportin Porous Media, 2011, 89 (2): 185-212.

[41] Saito M B, Lemos M J S. A correlation for interfacial heat transfercoemdent for turbulent flow over an array of square rods [J]. Journal of Heat Transfer, 2006, 128 (5): 444-452.

[42] Kuwahara E, Shirota M, Nakayama A. A numerical study ofinterfacial connective heat transfer coefficient in two-energyequation model for convection in porous media [J]. International Journal of Heat and Mass Trausfer, 2001, 44 (6): 1153-1159.

[43] 郁伯铭. 多孔介质物运性质的分形分析研究进展 [J]. 力学进展, 2003, 33 (3): 333-346.

[44] 刘建国, 王洪涛, 聂水丰. 多孔介质中溶质有效扩散系数预测的分形模型 [J]. 水科学进展, 2004, 15 (4): 458-462.

[45] 施明恒, 陈永平. 多孔介质传热传质分形理论初析 [J]. 南京师范大学学报 (工程技术版), 2001, 1 (1): 6-12.

[46] 张东晖, 施明恒. 分形多孔介质中的热传导 [J]. 工程热物理学报, 2004, 25 (1): 112-114.

[47] 何启林. 采空区瓦斯弥散流场的研究 [J]. 焦作工学院学报, 1997, 16 (3): 74-80.

[48] 刘剑. 采空区自然发火数学模型及其应用研究 [D]. 沈阳: 东北大学, 1999.

[49] 齐庆杰, 黄柏轩. 用流场理论确定采空区火源点位置 [J]. 工业安全与防尘, 1997 (9): 29-32.

[50] 秦跃平, 刘伟, 杨小彬, 等. 基于非达西渗流的采空区自然发火数值模拟 [J]. 煤炭学报, 2012, 37 (7): 1177-1183.

[51] 褚廷湘, 余明高, 杨胜强, 等. 基于 FLUENT 的采空区流场数值模拟分析及实践 [J]. 河南理工大学学报 (自然科学版), 2010, 29 (3): 298-305.

[52] 文虎, 姜华, 翟小伟, 等. 三维采空区漏风模拟相似材料模型系统设计 [J]. 矿业安全与环保, 2014, 41 (3): 31-34.

[53] 吴中立, 李西才, 赵时海, 等. 采空区滤流模型实验 [J]. 煤炭科学技术, 1983, 10: 33-36.

[54] 王宪付, 孙平远, 段新江, 等. 束管监测系统在划分采空区 "三带" 中的应用 [J]. 煤矿安全, 2009, 5: 33-35.

[55] 梁冰, 孙可明. 低渗透煤层气开采理论及其应用 [M]. 北京: 科学出版社, 2006.

[56] 周世宁, 孙辑正. 煤层瓦斯流动理论及其应用 [J]. 煤炭学报, 1965, 2 (1): 24-37.

[57] 周世宁. 用电子计算机对两种测定煤层透气系数方法的检验 [J]. 中国矿业大学学报, 1984 (3).

[58] 郭勇义, 周世宁. 煤层瓦斯一维流场流动规律的完全解 [J]. 中国矿业大学学报, 1984 (2): 19-28.

[59] 谭学术, 袁静. 矿井煤层真实瓦斯渗流方程的研究 [J]. 重庆建筑工学院学报, 1986 (1): 106-112.

[60] 余楚新, 鲜学福, 谭学术, 等. 煤层瓦斯流动理论及渗流控制方程的研究 [J]. 重庆大学学报, 1989, 12 (5): 1-10.

[61] 孙培德. 煤层瓦斯动理论及其应用 [C] //中国煤炭学会. 1988 年综合性学术年会论文集. 北京：煤炭工业出版社，1988.

[62] Sun Peide, Xian Xuefu, Zhang Daijun. Dynamics of gas seepage and its applications [J]. Journal of Coal Science & Engineering (China)，1996，2 (1)：67-71.

[63] Yu C, Xian X. Analyses of gas seepage flow in coal beds with FEM [C] //Proceedings of Tth-Tnt. Conf. of FEM in Flow Probs. Huntsvill, U. S. A. 1989.

[64] Yu C, Xian X. ABEM for In homogenerous medium probs [C] //Proceedings of 2nd World Congs. on ComPutMech, Stuttgart, FRG. 1990.

[65] 赵阳升，胡耀青，段康廉. 煤岩层水渗流的固结数学模型及数值解法 [C] //岩土力学数值方法的工程应用——第二届全国岩石力学数值计算与模型实验学术研讨会论文集，1990.

[66] 宋维源，章梦涛，潘一山，等. 煤层注水中的水渗流规律研究 [J]. 地质灾害与环境保护，2004，15 (2)：86-89.

[67] 陈金刚，宋全友，秦勇. 煤层割理在煤层气开发中的试验研究 [J]. 煤田地质与勘探，2002 (2)：26-28.

[68] 张春，题正义，李宗翔. 采空区孔隙率的空间立体分析研究 [J]. 长江科学院院报，2012，29 (6)：52-57.

[69] 刘剑，徐瑞龙. 七星矿大面积采空区的漏风分析 [J]. 煤炭科学技术，1992 (5)：2-5.

[70] 李宗翔，刘玉洲，吴强. 采空区流场非线性渗流的改进迭代算法 [J]. 重庆大学学报，2008，31 (2)：186-190.

[71] 周西华. 双高矿井采场自燃与爆炸特性及防治技术研究 [D]. 阜新：辽宁工程技术大学，2006.

[72] 蒋曙光，张人伟. 综放采场流场数学模型及数值计算 [J]. 煤炭学报，1998，23 (3)：258-261.

[73] 杨胜强，张人伟，邸志前，等. 综采面采空区自燃"三带"的分布规律 [J]. 中国矿业大学学报，2000，29 (1)：93-96.

[74] 杜礼明，杨运良. 采空区三维非稳定流场的数学模型及热力风压的计算 [J]. 焦作工学院学报，1999，18 (3)：169-173.

[75] 马占国，缪协兴，李兴华，等. 破碎页岩渗透特性 [J]. 采矿与安全工程学报，2007，24 (3)：260-264.

[76] 李天珍，李玉寿，马占国. 破裂岩石非达西渗流的试验研究 [J]. 工程力学，2003，20 (4)：132-135.

[77] 马占国，缪协兴，陈占清，等. 破碎煤体渗透特性的试验研究 [J]. 岩土力学，2009，30 (4)：985-989.

[78] 杨天鸿. 岩石破裂过程渗透性质及其与应力耦合作用研究 [J]. 岩石力学与工程学报，2002，21 (3)：457.

[79] 杨天鸿，李连崇，唐春安. 岩石破坏过程中渗流-损伤关系的认识 [J]. 岩石力学与工程学报，2004，23 (24)：4254-4257.

[80] 杨天鸿，唐春安，李连崇，等. 非均匀岩石破裂过程渗透率演化规律研究 [J]. 岩石力

学与工程学报，2004，23（5）：758-762.

[81] 黄先伍，唐平，缪协兴，等. 破碎砂岩渗透特性与孔隙率关系的试验研究 [J]. 岩体力学，2005，26（9）：1383-1386.

[82] 孙明贵，李天珍，黄先伍，等. 破碎岩石非 Darcy 流的渗透特性试验研究 [J]. 安徽理工大学学报（自然科学版），2003，23（2）：11-13.

[83] 刘卫群，缪协兴，余为，等. 破碎岩石气体渗透性的试验测定方法 [J]. 实验力学，2006，21（3）：399-402.

[84] 李顺才，陈占清，缪协兴，等. 破碎岩体流固耦合渗流的分岔 [J]. 煤炭学报，2008，33（7）：754-759.

[85] 李顺才，缪协兴，陈占清，等. 承压破碎岩石非 Darcy 渗流的渗透特性试验研究 [J]. 工程力学，2008，25（4）：85-92.

[86] 鹿存荣，杨胜强，郭晓宇，等. 采空区渗流特性分析及其流场数值模拟预测 [J]. 煤炭科学技术，2011，39（9）：55-59.

[87] 孙培德. 变形过程中煤样渗透率变化规律的实验研究 [J]. 岩石力学与工程学报，2001，20（增刊）：1081-1084.

[88] 刘玉庆，李玉寿，孙明贵. 岩石散体渗透试验新方法 [J]. 矿山压力与顶板管理，2002，4：108-110.

[89] 缪协兴，陈占清，茅献彪，等. 峰后岩石非 Darcy 渗流的分岔行为研究 [J]. 力学学报，2003，35（6）：660-667.

[90] 孙明贵，黄先伍，李玉寿. 一种破裂岩石稳态渗透试验系统及其应用 [J]. 矿山压力与顶板管理，2003，3：112-115.

[91] 周世宁，林柏泉. 煤层瓦斯赋存及流动规律 [M]. 北京：煤炭工业出版社，1998.

[92] 康天合，白世伟，赵永宏. 煤体导水系数及其变化规律的实验研究 [J]. 岩土力学，2003，24（4）：587-591.

[93] 陈卫忠，杨建平，伍国军，等. 低渗透介质渗透性试验研究 [J]. 岩石力学与工程学报，2008，27（2）：236-243.

[94] 徐天有，韩群柱，吴文平. 多孔介质渗透特性的试验研究 [J]. 地下水，1996，18（4）：177-179.

[95] 徐天有，张晓宏，孟向一. 堆石体渗透规律的试验研究 [J]. 水利学报，1998，1（增刊）：80-83.

[96] 邱贤德，阎宗岭，刘立，等. 堆石体粒径特征对其渗透性的影响 [J]. 岩土力学，2004，25（6）：950-954.

[97] 耿克勤，刘光廷，陈兴华. 节理岩体的渗透系数与应变、应力的关系 [J]. 清华大学学报（自然科学版），1996，36（1）：107-112.

[98] 李树刚，钱鸣高，石平五. 煤样全应力应变过程中的渗透系数-应变方程 [J]. 煤田地质与勘探，2001，29（1）：22-24.

[99] 罗焕炎，李洪吉，陈雨孙. 利用有限单元伽勒金法反求非线性流情况下砾石层的渗透系数 [J]. 地质科学，1976，1：56-63.

[100] 朱岳明，刘望亭. 渗透系数反分析最优估计方法 [J]. 岩土工程学报，1991，13（4）：

71-76.

[101] 段小宁，李鉴初，刘继山．各向异性连续介质渗透系数的反分析法及其应用 [J]．大连理工大学学报，1991，31 (5)：593-601.

[102] 徐增和，王来贵，徐曙明．煤岩渗透系数的简易测试方法 [J]．力学与实践，1991，1：37-39.

[103] 孔令伟，李新明，田湖南．沙土渗透系数的细粒效应与其状态参数关联性 [J]．岩土力学，2011，32 (增刊)：21-27.

[104] 邓慧森．岩土层垂向渗透系数与径向渗透系数 [J]．工程勘察，1993，1：44-45.

[105] 方志明，李小春，白冰．煤岩吸附量-变形-渗透系数同时测量方法研究 [J]．岩石力学与工程学报，2009，28 (9)：1828-1833.

[106] 余学义．开采损害与环境保护 [M]．北京：煤炭工业出版社，2003.

[107] 夏小刚．采动岩层与地表移动的“四带”模型研究 [D]．西安：西安科技大学，2012.

[108] 赵德深，麻凤海．煤矿覆岩离层分布规律及其控制技术 [M]．大连：东方出版中心，1998：4-5.

[109] Chen Shanle, Wang Huajun, Li Yucheng. The scope of fracture zone measure and high drill gas drainagetechnology research [J]. Journal of Chemical and Pharmaceutical Research, 2014, 6 (10)：450-457.

[110] 靳钟铭，宋选民，等．坚硬煤层综放开采试验研究 [J]．煤炭科学技术，1998，26 (2)：19-24.

[111] 钱鸣高．采场上覆岩层岩体结构模型及其应用 [J]．中国矿业学院学报，1982，2：1-11.

[112] 傅志安，凤家骥．混凝土面板堆石坝 [M]．武汉：华中理工大学出版社，1993.

[113] 缪协兴，茅献彪，胡光伟，等．岩石（煤）的碎胀与压实特性研究 [J]．实验力学，1997，12：394-399.

[114] 马占国．采空区破碎岩体压实和渗流特性研究 [M]．徐州：中国矿业大学出版社，2009.

[115] 钱明高，缪协兴，许家林，等．岩层控制的关键层理论 [M]．徐州：中国矿业大学出版社，2002.

[116] 钱鸣高，刘听成．矿山压力及其控制（修订本）[M]．北京：煤炭工业出版社，1991.

[117] 郑永学．矿山岩体力学 [M]．北京：冶金工业出版社，1995：82-83.

[118] 靳钟铭，魏锦平，靳文学．放顶煤采场前支承压力分布特征 [J]．太原理工大学学报，2001，32 (3)：216-218.

[119] 谢广祥，王磊．工作面支承压力采厚效应解析 [J]．煤炭学报，2008，33 (4)：361-363.

[120] 徐精彩，薛韩玲，文虎，等．煤氧复合热效应的影响因素分析 [J]．中国安全科学学报，2001，11 (2)：31-35.

[121] 张春，题正义，李宗翔．综放支承压力峰值位置的理论及回归分析 [J]．中国安全科学学报，2011，21 (9)：88-93.